U0345041

农业气象学实验指导

主　编：孙彦坤
副主编：张璐阳　宋天元　卢丽英

气象出版社
China Meteorological Press

内容提要

全书共计 10 个实验,介绍了主要气象要素(包括辐射、温度、湿度、风、气压、降水、蒸发和云等)的观测,以及气象资料的整理、统计、分析和应用。注重培养学生农业气象要素观测技能和数据资料分析处理能力,在介绍传统常规观测手段和方法的同时,结合农业气象学科应用服务和观测手段的发展,介绍了一些新仪器和新技术。绝大多数实验后都配有复习思考题,可加深学生对农业气象学理论和实验技能的掌握。

本书不仅可用作农业院校非农业气象专业的教材,也可供农业气象、地理、水文等其他相关专业及各级农、林、牧、渔等部门的技术和管理人员参考。

图书在版编目(CIP)数据

农业气象学实验指导/孙彦坤主编. —北京:气象出版社,2014.2(2016.9 重印)
   ISBN 978-7-5029-5880-0

Ⅰ.①农… Ⅱ.①孙… Ⅲ.①农业气象-实验-高等学校-教学参考资料 Ⅳ.①S16-33

中国版本图书馆 CIP 数据核字(2014)第 023252 号

Nongye Qixiangxue Shiyan Zhidao
农业气象学实验指导
主　编:孙彦坤
副主编:张璐阳　宋天元　卢丽英

出版发行:气象出版社
地　　址:北京市海淀区中关村南大街 46 号　　　　邮政编码:100081
电　　话:010-68407112(总编室)　010-68409198(发行部)
网　　址:http://www.qxcbs.com　　**E-mail**:　qxcbs@cma.gov.cn
责任编辑:王元庆　　　　　　　　　　　　　　　终　审:章澄昌
封面设计:博雅思　　　　　　　　　　　　　　责任技编:吴庭芳
印　　刷:三河市百盛印装有限公司
开　　本:720 mm×960 mm　1/16　　　　　　印　张:8
字　　数:151 千字
版　　次:2014 年 2 月第 1 版　　　　　　　　印　次:2016 年 9 月第 2 次印刷
定　　价:20.00 元

目　录

实验1　地面气象观测场

地面气象观测是用气象仪器和肉眼对近地面气层的物理现象及其变化过程,进行连续的观测、测定,为天气预报、气候分析和科学研究提供情报和积累基本资料,服务于生产实际。

地面气象观测的项目有:气压、气温、湿度、风向、风速、降水、积雪、蒸发、云、天气现象、能见度、日照、地温、冻土等,这些观测项目称为气象要素。天气预报和气候分析往往需要广大地区乃至全球的气象资料。这些气象资料是从分散的各气象台站网取得的,使用时又是集中起来进行比较分析,这就要求各站的记录不仅能够准确,而且基本上代表一个地区的气象情况,还要能够在相互之间进行比较。因此,气象观测的要求是观测记录必须在某地区具有代表性。同时,气象要素是随时间不断变化的,它的变化只有通过对大气连续观测,并进行天气学分析才能得到。因此,气象观测必须保持连续性,不能中断和短缺。连续观测记录的年代愈长,对预报业务和科研工作价值愈大。

1.1　实验目的

(1)了解地面气象观测场的建立条件及各种仪器的布局;

(2)掌握地面气象观测场建立的原则、面积大小等要求;

(3)掌握地面气象观测场内的各种仪器安装位置和要求,观测场内各种仪器应该如何布局的原因。

1.2　实验内容

1.2.1　环境条件要求

地面气象观测场必须符合气象观测技术上的要求。地面气象观测场是取得地面气象资料的主要场所,地点应设在能较好地反映本地较大范围的气象要素特点的地方,避免局部地形的影响。观测场四周必须空旷平坦,避免设在陡坡、洼地或邻近有丛林、铁路、公路、工矿、烟囱、高大建筑物的地方。避开地方性雾、烟等大气污染严重的地方。地面气象观测场四周障碍物的影子应不会投射到日照和辐射观测仪器的受光面上,附近没有反射阳光的物体。在城市或工矿区,观测场应选择在城市或工矿区最多风向的上风方。观测场的周围环境应符合《中华人民共和国气象法》以及有关气象观测环境保护的法规、规章和规范性文件的要求。地面气象观测的环境必须依法进行保护。地面气象观测场周围观测环境发生变化后要进行详细记录。新建、迁移观测场或观测场四周的障碍物发生明显变化时,应测定四周各障碍物的方位角和高度角,绘制地平圈障碍物遮蔽图。无人值守气象站和机动气象观测站的环境条件可根据设站的目的自行掌握。

1.2.2　观测场

观测场一般为 25 m×25 m 的平整场地。确因条件限制,也可取 16 m(东西向)×20 m(南北向)的场地,但高山站、海岛站、无人站不受此限。需要安装辐射仪器的气象站,可将观测场南边缘向南扩展 10 m。要测定观测场的经纬度(精确到分)和海拔高度(精确到 0.1 m),其数据刻在观测场内的固定标志上。观测场四周应设置约 1.2 m 高的稀疏围栏,围栏不宜采用反光太强的材料。观测场围栏的门一般开在北面。场地应平整,保持有均匀草层(不长草的地区例外),草高不能超过 20 cm。对草层的养护,不能对观测记录造成影响。场内不准种植作物。为保持观测场地自然状态,场内铺设0.3~0.5 m 宽的小路,人员只准在小路上行走。有积雪时,除小路上的积雪可以清除外,应保护场地积雪的自然状态。根据场内仪器布设位置和线缆铺设需要,在小路下方修建电缆沟(管)。电缆沟(管)应做到防水、防鼠,便于维护。观测场的防雷必须符合气象行业规定的防雷技术标准的要求。

1.2.3　观测场内仪器设施的布置

观测场内仪器设施的布置应注意互不影响,便于观测操作。具体要求为:高的仪器设施安置在北边,低的仪器设施安置在南边;各仪器设施东西排列成行,南北布设成列,相互间东西间隔不小于 4 m,南北间隔不小于 3 m,仪器距观测场边缘护栏不小于 3 m。仪器安置在紧靠东西向小路南面,观测员应从北面接近仪器。辐射观测仪器一般安装在观测场南面,观测仪器感应面不能受任何障碍物影响。因条件限制不能安装在观测场内的观测仪器,总辐射、直接辐射、散射辐射、日照以及风观测仪器可安装在天空条件符合要求的屋顶平台上,反射辐射和净全辐射观测仪器安装在符合条件的有代表性下垫面的地方。观测场内仪器设施的布置可参考图 1-1。北回归线以南的地面气象观测站观测场内仪器设施的布置可根据太阳位置的变化进行灵活掌握,使观测员的观测活动尽量减少对观测记录代表性和准确性的影响。

表 1-1　仪器安装标准

仪器	要求与允许误差范围		基准部位
干湿球温度表	高度 1.50 m	±5 cm	感应部分中心
最高温度表	高度 1.53 m	±5 cm	感应部分中心
最低温度表	高度 1.52 m	±5 cm	感应部分中心
温度计	高度 1.50 m	±5 cm	感应部分中部
湿度计	在温度计上层横隔板上		
毛发湿度表	上部固定在温度表支架上横梁上		
温湿度传感器	高度 1.50 m	±5 cm	感应部分中部
雨量器	高度 70 cm	±3 cm	口缘
虹吸式雨量计	仪器自身高度		
翻斗式遥测雨量计	仪器自身高度		
雨量传感器	高度不得低于 70 cm		口缘
小型蒸发器	高度 70 cm	±3 cm	口缘
E601B 型蒸发器	高度 30 cm	±1 cm	口缘
地面温度表(传感器)	感应部分和表身埋入土中一半		感应部分中心
地面最高、最低温度表	感应部分和表身埋入土中一半		感应部分中心
曲管地温表(浅层地温传感器)	深度 5 cm,10 cm,15 cm,20 cm	±1 cm	感应部分中心
	倾斜角 45°(曲管地温表)	±5°	表身与地面
直管地温表(深层地温传感器)	深度 40 cm,80 cm	±3 cm	
	深度 160 cm	±5 cm	感应部分中心
	深度 320 cm	±10 cm	
冻土器	深度 50～350 cm	±3 cm	内管零线
日照计(传感器)	高度以便于操作为准		
	纬度以本站纬度为准	±0.5°	
	方位正北	±5°	底座南北线
辐射表(传感器)	支架高度 1.50 m	±10 cm	支架安装面
	直射、散射辐射表:		
	方位正北	±0.25°	底座南北线
	直接辐射表:		
	纬度以本站纬度为准	±0.1°	
风速器(传感器)	安装在观测场高 10～12 m		风杯中心
风向器(传感器)	安装在观测场高 10～12 m		风标中心
	方位正南	±5°	方位指南杆
电线积冰架	上导线高度 220 cm	±5 cm	导线水平面
定槽水银气压表	高度以便于操作为准		水银槽盒中心
动槽水银气压表	高度以便于操作为准		象牙针尖
气压计(传感器)	高度以便于操作为准		
采集器箱	高度以便于操作为准		

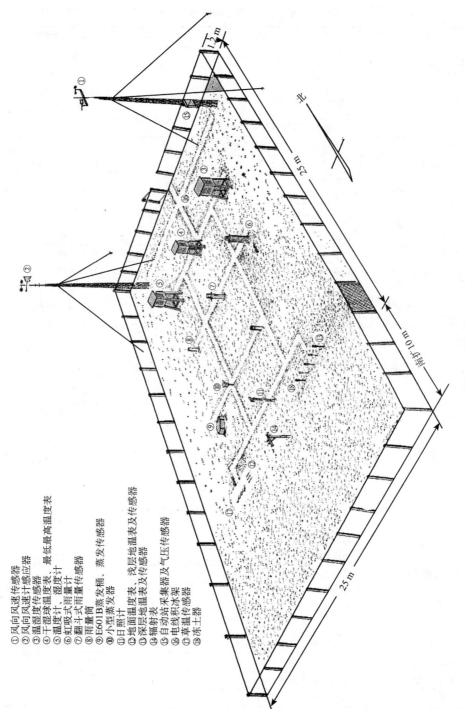

①风向风速传感器
②风向风速计传感器
③温湿度传感应器
④干湿球温温度表、最低最高温度表
⑤温度计、湿度计
⑥虹吸式雨量传感器
⑦翻斗式雨量传感器
⑧雨量筒
⑨E601B蒸发桶、蒸发传感器
⑩小型蒸发器
⑪日照计
⑫地面温度表、浅层地温表及传感器
⑬深层地温表及传感器
⑭辐射表
⑮自动站采集器及气压传感器
⑯电线结冰架
⑰草温传感器
⑱冻土器

图1-1　观测场仪器布置参考图

1.2.4　观测任务

地面气象观测工作的基本任务是观测、记录处理和编发气象报告。

为积累气候资料按规定时次进行定时气象观测。自动观测项目每天进行 24 次定时观测；人工观测项目，昼夜守班站每天进行 02、08、14、20 时 4 次定时观测，白天守班站每天进行 08、14、20 时 3 次定时观测。基准站使用自动气象站后以自动观测记录进行编发报，但仍然保留了 4 次按规定进行人工定时观测。为制作天气预报提供气象实况资料按规定的时次进行天气观测，并按规定的种类和电码及数据格式编发各种地面气象报告，还进行国家气象主管机构根据需要新增加的观测。按省、地（市）、县级气象主管机构的规定，进行自定项目和开展气象服务所需项目的观测。经省级气象主管机构指定的气象站，按规定的时次、种类和电码，观测、编发定时加密天气观测报告、不定时加密雨量观测报告和其他气象报告。按统一的格式和规定统计整理观测记录，按时形成并传送观测数据文件和各种报表数据文件，并可按要求打印出各类报表。按有关协议观测、编发定时航空天气观测报告和不定时危险天气观测报告。对出现的灾害性天气及时进行调查记载。

1.2.5　观测项目

按国家气象主管机构规定的方法和要求开展的观测项目如下：

各气象站均须观测的项目：云、能见度、天气现象、气压、空气的温度和湿度、风向和风速、降水、日照、蒸发、地面温度（含草温）、积雪深。

由国家气象主管机构指定地面气象观测站观测的项目：浅层和深层地温、冻土、电线积冰、辐射、地面状态。

由省级气象主管机构指定地面气象观测站观测的项目：雪压及根据服务需要增加的观测项目。

1.2.6　观测程序

1. 自动观测方式观测程序

（1）每天日出后和日落前巡视观测场和仪器设备，具体时间各站自定，但站内必须统一；

（2）正点前约 10 min 查看显示的自动观测实时数据是否正常；

（3）正点时刻进行正点数据采样；

（4）正点后 00～01 min，完成自动观测项目的观测，并显示正点定时观测数据，发现有缺测或异常时及时按《地面气象观测规范》第 23 章的规定处理；

（5）正点后 01～03 min，向微机录入人工观测数据；

（6）按照各类气象报告的时效要求完成各种定时天气报告和观测数据文件的发送。

2. 人工观测方式观测程序

(1)一般应在正点前 30 min 左右巡视观测场和仪器设备,尤其注意湿球温度表球部的湿润状况,做好湿球融冰等准备工作;

(2)正点前 20 min～正点观测云、能见度、空气温度和湿度、降水、风向和风速、气压、地温、积雪深等发报项目,连续观测天气现象;

(3)雪压、冻土、蒸发、地面状态等项目的观测可在正点前 40 min 至正点后 10 min内进行;

(4)日照在日落后换纸,其他项目的换纸时间由省级气象主管机构自定;

(5)电线积冰观测时间不固定,以能测得一次过程的最大值为原则;

(6)观测程序的具体安排,气象站可根据观测项目的多少确定,但气压观测时间应尽量接近正点。全站的观测程序必须统一,并且尽量少变动。

1.3　作业

1. 观测场选址应注意哪些问题?

2. 观测场内仪器应如何布置?

3. 地面气象观测主要包括哪些项目?

实验 2　太阳辐射

　　太阳辐射是地球系统的能量源泉,气象学中很多问题都与地球上的辐射收支有直接或间接的关系。地球在接收到太阳辐射能的同时也不断地向外发出辐射能,地面得到的净收入辐射称为地面净辐射。当地面净辐射值为正时,地面会有热量堆积、会导致气温升高、有水源的地方水分蒸发量增大。此外,绿色植物通过光合作用将太阳能转化成化学能贮存起来,为地球生物提供维持生存和发展的能量。人类在工农业生产实践中使用的煤、石油等化石燃料也是远古时期绿色植物固定太阳能的矿化产物。因此可以说太阳辐射作为地球的最重要能量来源,在地球系统变化中,扮演着极为重要的角色。

　　农业生产产量提高的实质就是最大限度地固定太阳能,为人类提供更多、更好的食物和能量。因此使用仪器来测量辐射能的收支情况是了解某地光照条件和合理利用光能的必要工作,是农业科学工作者应掌握的技能。

　　辐射能量仪器所观测到的物理量是辐射通量密度,是指单位时间,通过单位面积上的辐射能量,单位是 W/m^2。其中某物体向外发出的辐射通量密度称为辐射出射度,而到达某接受面的辐射通量密度称为辐照度。

　　到达大气层上界的太阳辐射中,99% 的能量集中在 $0.15\sim4.0\ \mu m$ 的波长辐射中,属于短波辐射。而温度约为 300 K 的地球辐射,99% 的能量集中在 $5.0\ \mu m$ 以上的波长辐射中,属于长波辐射。到达地面的太阳辐射以可见光为主,可见光的波长为 $0.40\sim0.76\ \mu m$,波长 $0.76\sim3\ \mu m$ 的称为红外辐射,波长 $0.19\sim0.40\ \mu m$ 的属于紫外辐射,紫外辐射又分为三个亚区:紫外线 A(UV-A):$0.315\sim0.400\ \mu m$;紫外线 B(UV-B):$0.280\sim0.315\ \mu m$;紫外线 C(UV-C):$0.190\sim0.280\ \mu m$。

　　因此,辐射能的测量内容相当广泛,需要使用多种类型的仪器才能够完成。

2.1　太阳辐射仪器

2.1.1　实验目的

　　了解测量太阳辐射、光照强度及日照时间的仪器及其测量原理,掌握光照强度以及日照时数的观测记录方法。

2.1.2　实验内容

2.1.2.1　日照

1. 日照时间的几个指标

(1)可照时间:早晨太阳中心从东方地平线升起,到傍晚太阳中心从西方地平线落下的时间间隔称为可照时间。

(2)日照时间:当太阳位于地平线以上时,地面上并非总能接受到阳光。把太阳被云雾或其他地物所遮蔽的时间除外,地面实际接受阳光的时间称为日照时间。

(3)日照百分率:日照时间与可照时间之百分比,称为日照百分率,即

$$日照百分率 = \frac{日照时间}{可照时间} \times 100\%$$

2. 日照时间的测量

测定日照时间的仪器称日照计。迄今为止,在各国气象观测中曾采用过的日照计有:马文日照计、福斯特日照计、暗筒式日照计、玻璃球日照计,以及回转反射式日照计等。以上各种日照计,按其原理和实际使用效果来看,用于人工观测的,以玻璃球日照计较好;用于遥测的,以回转反射式日照计较好。目前,人工观测常用的有暗筒式(乔唐式)日照计和玻璃球(康培斯托克式)日照计两种。

(1)暗筒式日照计

①构造及原理

暗筒式日照计是利用化学感光剂的痕迹来计算日照时间的。其构造是由一个铜制的可装记录纸的暗筒和带有纬度刻度盘的支架组成(图 2-1)。暗筒两侧各有一个小孔,阳光可通过小孔射入筒内,使涂有感光药剂的日照纸感光而产生痕迹。日照纸上标有时间坐标(图 2-2),痕迹的总长度,即为日照时间。暗筒两侧的小孔与圆心之间呈 120°,且前后位置错开,以免上、下午的痕迹重合。这样上午阳光从左侧小孔射入,下午则从右侧小孔射入,在日照纸上留下两条不同的感光痕迹。为了避免阳光可能从两个小孔同时射入筒内,在暗筒上方加有一块隔光板,其两侧边缘分别与两个小孔处于同一垂面上,使上、下午的阳光分开。暗筒口内下方有一正中线,用以和日照纸上的 10 时线重合,以标正日照纸的位置。为了使日照纸紧贴在筒壁上,筒内有一个固定日照纸的压纸夹。筒口有盖,放入日照纸后立即盖紧盖子以免曝光。

②仪器的安装

仪器应安置在终年太阳光均能照射到的地方。一般将日照计置于距地面 1.2 m 的木柱上,也可置于楼的平台上。仪器安装的一般要求为:(a)金属架的底座必须保

持水平(由支架上的水平仪标定)。(b)日照计的方向必须指向正南。(c)暗筒与地面所成角度由当地纬度决定。调整纬度刻度盘上的指针。使其对准当地的纬度,精确到分。

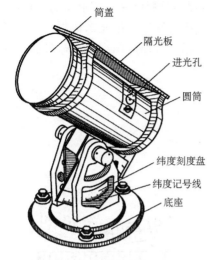

图 2-1 暗筒式日照计图

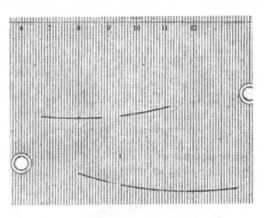

图 2-2 暗筒式日照纸

③观测方法

于日落后,将涂有感光药剂、注明年月日的日照纸放入暗筒内,将日照纸上的 10 时线与暗筒内的正中线对齐,并用压纸夹固定。于次日日落后取出,并更换新纸。在取回的日照纸上的感光痕迹下面,按其长短描出等长的铅笔线。然后将日照纸放入清水中浸漂约半分钟,洗去感光药剂。晾干后,再比较感光迹线与铅笔线的长度,若迹线长于铅笔线,则应延长铅笔线,使其与感光迹线等长;若迹线短于铅笔线,则应以铅笔线为准。日照纸上一大格为 1 h,一小格为 0.1 h,记录时应精确到 0.1 h。

④日照纸感光药剂的配制

感光药剂由甲、乙两种溶液混合而成。

甲液:清水 50 mL,溶入赤血盐[$K_3Fe(CN)_6$]4.6 g,装入瓶中放在暗处备用。此药剂起显影作用。

乙液:清水 50 mL,溶入柠檬酸铁铵[$Fe(NH)_3 \cdot (C_6H_5O_7)$]6.4 g,装入瓶内放在暗处备用。此药剂起感光作用。

用时取等量的两种药液混合,在暗室内用干净的毛刷将药液涂在日照纸上,放阴处晾干。涂有感光药剂的日照纸可放在暗处保存备用。

⑤仪器的保护

此仪器在下雨时应罩上罩,雨后取下。遇风沙天气时,应注意检查暗筒两侧的小孔是否被堵塞。如发现堵塞时,应及时清除,以免影响阳光射入。

（2）玻璃球日照计

　　玻璃球日照计又称康培尔-斯托克日照计或聚焦式日照计。主要由实心玻璃球、日照纸弧形架、纬度支架和底座等构成（图 2-3 所示）。日照纸装在弧形架的纸槽内，正好放置在玻璃球的焦距上，因此从任何方向投射到玻璃球的阳光都聚焦在日照纸上，从而留下灼烧的焦痕。根据焦痕的长短即可计算出日照时间。玻璃球日照计就是利用玻璃球聚焦灼烧方法记录日照时间的仪器。

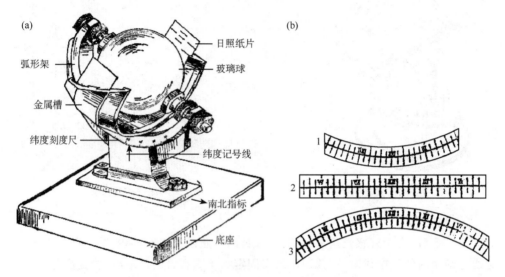

图 2-3　玻璃球日照计图

(a)玻璃球日照计结构图；(b)三种不同的日照纸

　　玻璃球日照计的主体为一实心玻璃圆球。玻璃球被放在一个与其成同心圆的弧形架上。弧形架被固定在底座上，弧形架的内侧有三道金属槽，用以固定日照纸。夏季将夏用日照纸插入最下面的槽内；冬季将冬用日照纸插入最上面的槽内；春秋季则用春秋用日照纸插入中间槽内。

　　1962 年世界气象组织第三届仪器和观测方法委员会决定采用英国的玻璃球日照计及法国的日照纸为临时标准日照计。但此后的实践证明此仪器并不准确，因其记录随纬度、季节、云层状况、玻璃球上有沉积物及纸的潮湿与否等情况而有差异。同时把日照时间定义为"太阳照射的时间"也不严格，因此在第八届仪器和观测方法委员会上取消了上述决定。

　　3. 可照时间的查算

　　可照时间的查算图（图 2-4）是用来查算任一地点，任一日期的可照时间的一种简便方法。图中左边为可照时间，右边为日期，中间为纬度，呈工字形，故又称工字尺。查算方法如下：

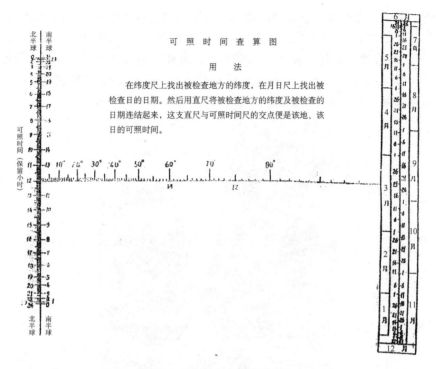

图 2-4　可照时间查算示意图

①在工字尺中找到该地纬度,精确到分;②从工字尺右方找到需查算的日期;③用直尺连接上述两点,并延长至工字尺左方得到一交点,该点对应的数值即为可照时间。查算时应精确到 0.1 h。

2.1.2.2　照度

太阳辐射的光效应用光照强度(简称照度)表示,照度计是用于测量光照强度的仪器,它是根据光电效应原理制成的。当光束照射到金属板上时,金属板上的自由电子吸光后移动,在回路中形成电流,光照越强,电流强度越大。经过换算可从照度计中直接读出光照强度的数值。其单位是 lx(勒克斯),过去照度单位为 $1 \ lm/m^2$(1 米烛光),$1 \ lx = 1 \ lm/m^2$。在大气上界,日地平均距离上的照度为 13500 lx。

1. 照度计的原理和构造

面照度计是利用光敏半导体元件的物理光电现象制成的精密仪器,用于测量单位面积上的光通量,即光照强度。仪器由感光元件和电流表两部分组成(图 2-5)。另外配有一个滤光罩,在强光下使用。当光线照射到感光元件光电池上时,光电池即将光能转换成电能,产生电流。通过导线电流传到电流表内,记录下光照强度的数值。光敏电池分硒光电池和硅光电池两种,它们的光谱特性均与人眼的光谱视觉曲线接近。其中硅光电池是最近采用的,它具有耐强光,测值稳定,使用寿命长等优点。电流表具有低内阻,高灵敏度的特点。电流表一般分为四档,即"关"、"×1"、"×10"、"×100"。不用时应将电流表关上,以防损坏。其他三档的测量范围分别为读数×1、读数×10、读数×100。滤光罩在"×100"档时使用,有的照度计没有滤光罩可直接放在光源下观测。电流表上有一螺丝,用来调整零位,称为调零螺丝。

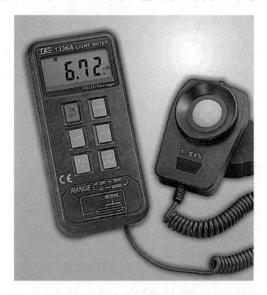

图 2-5　TES-1336 型照度计

2. 照度计的观测方法

(1)观测时,将电流表置于水平,若指针不指零位,可旋转调零螺丝,使之指向零位。然后将光元件与电流表用导线接通。

(2)观测前大致估计一下光源强度,若大于 1000 lx 必须使用滤光罩,以防因突然遇强光影响光元件的性能,打坏电流表。测量时应先由高档到低档选择适宜量程。

(3)测量时要注意光元件与光线垂直,测得的数值才是真正的强度。当需要相对照度时,也可水平放置。在观测作物群体内照度时,常常是水平放置,以便对比。测量时应重复数次,取其平均值。观测时间以 0.5~1 min 为宜,其间短时间停测时,应将光电池遮光。测量完毕应将开关关闭。

3. 照度计的维护

照度计是一种精密仪器,在携带使用过程中,应避免震荡。仪器应放在清洁、干燥处,气温在 0~40℃,相对湿度不超过 85%,外界环境不得有腐蚀性气体,且不能靠近强大磁场。

仪器内的电位器切忌自行调节,否则整个仪器将失去准确性。严禁用手触摸或用硬物摩擦光电池和滤光罩,以免沾污或划伤影响其准确性。

2.1.2.3　辐射

1. 仪器原理

测量辐射的仪器一般都是测定辐射产生的热效应。其原理是应用两种不同的辐射材料制成热电偶,热电偶的一端接在涂有对各种波长辐射无选择性吸收材料(黑色)的金属片上,另一端接在仪器的外壳或涂白的金属片上。当太阳辐射照到热电偶上时,由于涂黑的金属片吸收了投射到它上面的全部辐射能,因此使热电偶一端温度升高,与另一端产生温差电动势,借助电表即可读出电动势的数值。热电偶两端的温差愈大,产生的电动势就愈大,说明辐射愈强。热能增加的程度与辐射能的大小成正比。所以根据电动势的大小,可以计算出到达黑体表面的辐射强度。

普通的热电偶(由一对铜-康铜金属组成),只能产生 41×10^{-6} V/℃的电动势。为了提高仪器的灵敏度,可以串联若干个热电偶,制成热电堆,这时产生的电动势是各个热电偶电动势之和。各种仪器温差电偶串联个数的多少,取决于测量温差电动势的电表的灵敏度。

辐射电流表根据热电偶原理设计,是直接测量温差电动势或电流的,然后通过换算求得辐射通量密度。所以该辐射仪器配有电流表或电压表。电表上有正端和负端。当辐射较强时用接线柱 2,当辐射较弱时用接线柱 1。辐射电表的读数为 mA(毫安),经过换算,即可得到辐射强度的数值。

太阳辐射的热效应用辐射强度表示,单位为 W/m²。在大气上界,日地处于平均距离,垂直于太阳光线的单位面积上,单位时间通过的太阳辐射称为太阳常数,其数值在 $1350 \sim 1400$ W/m²。测量辐射的仪器通常有直接辐射表和天空散射辐射表。

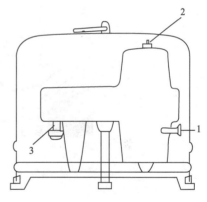

图 2-6　辐射电流表外形图
1. 绝电螺丝;2. 调零螺丝;
3. 一组(共 3 个)接线柱

(1)TBS-2-2 型太阳自动跟踪直接辐射表

太阳自动跟踪直接辐射表(又称直接辐射表、直接日射表或日照计)用于测量光谱范围为 $0.3 \sim 3$ μm 的太阳直接辐射量。当太阳直接辐射量超过 120 W/m² 时和日照时间记录仪连接,也可直接测量日照时间。所以该仪表可广泛应用于太阳能利用、气象、农业、建筑材料及生态研究领域。太阳自动跟踪直接辐射表的测量时间周期是24 h;精度小于 0.1 h,分辨率 0.1 h。

太阳自动跟踪直接辐射表构造如图 2-7 所示,主要由光筒和自动跟踪装置组成。

光筒内部由光栏、内筒、热电堆（感应面）、干燥剂筒等组成。其感应部分是由 36 对锰铜-康铜组成的热电堆。为了防止风和散射辐射的影响，仪器的感应部分放在一个圆筒的底部。

　　进光筒是一个长 116 mm 的金属圆筒，筒口直径为 20 mm。筒口直径与筒长之间比例如图 2-8 所示，当 $\alpha=2.75°$，$\beta=1°$ 时，刚好使入射光线可以聚焦在接收器上。筒内有 5 个直径逐渐减小的光栏，其作用是为了削弱风对感应面的散热，并防止天空散射辐射进入到感应面上。为了使直接辐射垂直射到筒内的感应面上，在筒的两端各镶有一个突出环，筒口的突出环上有一准星，对应筒底突出环上有一小屏幕。当进光口对准太阳时，通过筒口处准星的光斑正好照射到筒底处的小屏幕上。不观测时，进光口用筒盖盖上。

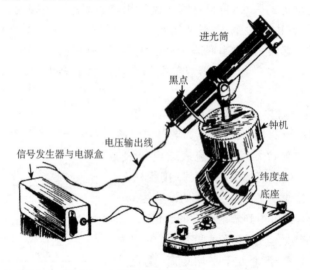

图 2-7　太阳直接辐射表结构示意图

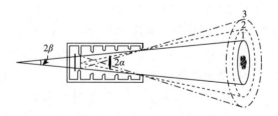

图 2-8　露光孔张角与接收辐射的关系

　　太阳自动跟踪直接辐射表的主体通过螺丝紧固在支架上。支架上有一纬度刻度盘，放松固定螺丝可将圆筒支柱上的纬度刻度盘转动，并把与当地纬度一致的刻度线对准底座支柱上的纬度记号线。圆筒还可以在支架上通过螺丝沿铅直面或沿一定圆弧转动,用以对准太阳,从而使仪器的感应元件表面垂直于太阳光线。底盘支架固定在底座上,底座上有一个箭头。箭头指北,用以对准当地子午线。

(2)DFY2 型天空辐射表

DFY2 型直接辐射表与 DFM1 型辐射电流表连用,测量包括太阳直接辐射强度在内的天空总辐射,因此称为天空辐射表。DFY2 型天空辐射表与 DFM1 型辐射电流表连用测量波长为 $0.3\sim2.4\ \mu m$,辐射照度为 $0\sim1400\ W/m^2$ 的包含太阳直接辐射在内的天空总辐射。该仪器的技术参数:灵敏度为 $7.2\sim14.3\ \mu V/m^2$,内阻为 $35\Omega\pm5\Omega$;该仪器的惰性:40s;该仪器的使用环境:温度要求 $-45\sim45$℃,相对湿度 RH≤95%;该仪器的外形尺寸:180 mm×270 mm;该仪器的重量≤3.2 kg。该仪器适用于气象台站、与气象相关的科研单位和农业科研部门。

天空辐射表的热电偶(图 2-9)由涂有赛铬璐配合的烟煤(热端)(1)和涂有赛铬璐配合的氧化镁(冷端)(2)组成,并排列在同一水平面上。

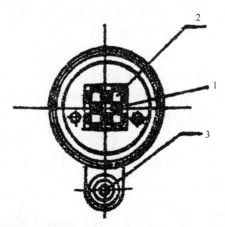

图 2-9　DFY2 型天空辐射表热电偶示意图
1. 涂有赛铬璐配合的烟煤;2. 涂有赛铬璐配合的氧化镁;3. 水平仪

在仪器(图 2-10)的感应面上有一半球形的玻璃罩(4),其作用是减少风对感应面散热影响,并可以滤去投射到感应面上的大气长波辐射。在感应面的下方一侧有一干燥器(5),用以存放干燥剂并与罩内相通,可吸收罩内的水汽。在感应面旁边有一水平仪(12),用以检查感应器表面是否水平,并可以通过底架(6)上的三个螺丝(7)调节。

仪器附有一个遮光板(8),在测量天空散射时,用以防止太阳直接辐射投射到感应面上。用支架上的紧固螺丝(9)把遮光板的支杆(10)夹住,遮光板的方位和仰角随太阳位置可调整。感应面上配有一金属盖(11),用以读取零点和保护玻璃罩。

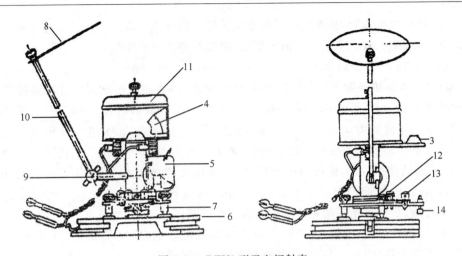

图 2-10　DFY2 型天空辐射表

3. 水平仪；4. 玻璃罩；5. 干燥器；6. 底架；7. 底架螺丝；8. 遮光板；9. 紧固螺丝；

10. 支杆；11. 金属盖；12. 旋转轴；13. 偏口螺丝；14. 水平调节螺丝

DFY2 型天空辐射表还可兼作反射率表使用。通过一定装置可以使感应面朝下，测定地面对太阳辐射的反射。当转动偏口螺丝(13)时，感应器便可绕旋转轴(12)旋转，并使感应面朝下。翻转后的水平状态可用螺丝(14)调整。

当在野外应用天空辐射表进行天空辐射和地面反射观测时，为了保持仪器水平，可以将感应器安装在一个管状万向吊架上(图 2-11)。当感应面朝上时，万向吊架可以使仪器保持水平，测量太阳总辐射。当感应面朝下时，万向吊架仍可使仪器保持水平，以测量地面对太阳辐射的反射。

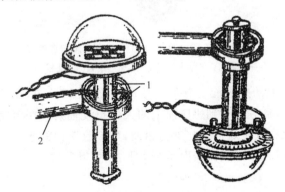

图 2-11　DFY2 型野外式反射辐射表

1. 固定螺丝；2. 万向吊架

2. 仪器的安装

将直接辐射表水平放置在观测台上。在支柱上的纬度刻度盘中找到当地纬度，并对准底盘支柱上的纬度记号线,接通电路待测。

将天空辐射表放置在观测台上。调整水平调整螺丝使感应面水平,接通电路待测。为了测量反射辐射,要求感应面离下垫面(地面、作物面或水面)的距离不能太远,否则将遮挡一部分下垫面,影响下垫面对太阳辐射的反射。感应面距下垫面的高度不是固定不变的,一般要求的最低高度,阴天时不能低于仪器本身直径的 4 倍;晴天或太阳高度角很低时,不能低于仪器本身直径的 1.5 倍。在气象台站,仪器固定在 1.5 m 的高度上。

将电流表水平放置在观测台上。将电表的正端和负端(即接线柱 1,2),分别接在转换开关上。

3. 观测

检查电表"基点位置"(图 2-6)。将电流表的绝电螺丝(1)拧松,通过调整"调零螺丝"(2)使指针指示在刻度线 5.0 上。拧紧绝电器使电流表处在短路状态。

通过调整相应螺旋,使直接辐射表的进光筒对准太阳(通过准星的光斑照在小屏幕上即可)。为了避免手上的热量传给圆筒,操作时动作尽量迅速。

通过转换开关将电表与直接辐射表接通,拧松绝电器,进行第一次"基点"读数 N_0,查电流表的刻度订正表得 ΔN_0。

打开进光筒盖,等候 30~40 s 后,每隔 5~10 s 读数一次,共读数三次,得到 N_{S1},N_{S2} 和 N_{S3},并记录,同时查刻度订正表得 ΔN_s。

盖上进光筒盖后约等 30~40 s 后,进行第二次"基点"读数 N'_0,并记录。

读取电流表附属温度表示度,转动进光筒使筒口朝下,盖上仪器罩,直接辐射观测完毕。

通过转换开关。使电流表与天空辐射表接通,进行第一次"基点"读数 N_0,并记录。

打开天空辐射表感应器金属盖,用遮光板遮住辐射表,等候 30~40 s 后,每隔 5~10 s 读数一次。共读数三次,得到 N_{D1},N_{D2} 和 N_{D3}。同时查刻度订正表得 ΔN_D。

盖上金属盖,等候 30~40 s,进行第二次"基点"读数 N_0。此次读数也可作为反射辐射的第一次"基点"读数。

取下遮光板和金属盖,翻转天空辐射表,使感应面朝下,进行地面反射辐射的观测。等候 30~40 s 后,每隔 5~10 s 读数一次,共读数三次,得到 N_{a1},N_{a2} 和 N_{a3},并记录,同时查刻度订正表得 ΔN_a。

翻转天空辐射表,便感应面朝上。盖上金属盖,进行仪器零点读数 N'_0,并记录。

读取电流表附属温度表示度,拧紧绝电器。天空辐射和地面反射辐射观测完毕。

4. 资料整理

(1)电流读数与辐射强度的换算

每一套辐射仪器都有自己的电流读数与辐射强度换算的系数值 a_t。a_t 值是根

据电流表的内阻 r，补充电阻 R_g，辐射表内阻 R_A，导线电阻 R_H 及电流表的分度值 a（A），辐射表的灵敏度 $K(\mu V/(W \cdot m^{-2}))$ 计算得出：

$$a_{t1} = \frac{a(r + R_A + R_H)}{K} \qquad \text{（对应电流表接线柱 1）}$$

$$a_{t2} = \frac{a(r + R_g + R_A + R_H)}{K} \qquad \text{（对应电流表接线柱 2）}$$

（2）直接辐射记录的整理

a. 求"基点"平均和三次读数平均：

$$\text{"基点"平均：} \overline{N_0} = \frac{N_0 + N_0{'}}{2}$$

$$\text{读数平均：} \overline{N_s} = \frac{N_{S1} + N_{S2} + N_{S3}}{3}$$

b. 对"基点"平均和读数平均分别进行订正，并求出直接辐射强度对应的实际电流值 N_S：

$$N_S = (\overline{N_S} + \Delta N_S) - (\overline{N_0} + \Delta N_0)$$

c. 计算垂直阳光平面上的直接辐射强度 S：

$$S = a_{t1} \cdot N_S \quad \text{或} \quad S = a_{t2} \cdot N_S$$

d. 计算水平面上的直接辐射强度 S'：

$$S' = S \cdot \sin h \quad \text{（}h\text{ 为太阳高度角）}$$

（3）水平面上散射辐射记录的整理

a. 求"基点"和读数平均：

$$\overline{N_0} = \frac{N_0 + N_0{'}}{2}$$

$$\overline{N_D} = \frac{N_{D1} + N_{D2} + N_{D3}}{3}$$

b. 对"基点"平均和读数平均分别进行订正，并求出散射辐射强度对应的电流值 N_D：

$$N_D = (\overline{N_D} + \Delta N_D) - (\overline{N_0} + \Delta N_0)$$

c. 计算散射辐射强度 D：

$$D = a_t \times N_D$$

d. 计算总辐射强度 Q：

$$Q = S' + D$$

（4）反射辐射记录的整理

a. 求"基点"平均和读数平均：

$$\overline{N_0} = \frac{N_0 + N_0{'}}{2}$$

$$\overline{N_a} = \frac{N_{a1} + N_{a2} + N_{a3}}{3}$$

b. 分别进行订正,并求出反射辐射强度的电流值 N_a:

$$N_a = (\overline{N_a} + \Delta N_a) - (\overline{N_0} + \Delta N_0)$$

c. 计算反射辐射强度 R_K:

$$R_K = a_t \cdot N_a$$

d. 计算地面反射率:

$$a = \frac{R_E}{Q} \times 100\%$$

2.1.3　作业

1. 进行暗筒式日照计观测的实际操作,并计算日照时间。

2. 应用实际观测得到的日照纸,计算日照百分率。可照时间可通过工字尺用直尺将当地纬度和日期连结起来,查得。

3. 进行直接辐射和天空散辐射观测的实际操作,并对观测资料进行整理。

2.2　太阳高度角和方位角的计算

2.2.1　太阳高度角和方位角的概念

地面接受太阳辐射能的多少决定于太阳相对于地面的位置。太阳的相对位置决定了太阳辐射的入射角度,从而决定了地面上单位面积所接受的太阳辐射能。

表示太阳相对位置的特征量是太阳高度角和方位角。由于太阳距地球十分遥远,到达地面的太阳辐射可以近似地看成是从遥远的地方发射的一束平行光束。这一平行光束与某地水平面之间形成的夹角,称为太阳高度角,用 h 表示。太阳高度角决定于所在地的纬度、该日的太阳赤纬以及当时、当地的时间(用时角表示)。应用球面三角学原理,可以推导出太阳高度角的计算公式:

$$\sin h = \sin\varphi\sin\delta + \cos\varphi\cos\delta\cos t \tag{2.2.1}$$

式中:h 为太阳高度角,φ 当地纬度,δ 为太阳赤纬,t 为时角。规定正午时刻 $t=0$,一天中 t 取值上午为负,下午为正。

太阳方位角是指太阳光线在地平面上的投影与当地子午线之间的夹角 A(图 2-12)。并且规定正南为零,向东为负,向西为正。即由南经东到北为 $0°\sim -180°$,由南经西到北为 $0°\sim 180°$。太阳方位角也随纬度、太阳赤纬及观测时间而变化。由理论推导可得出太阳方位角的计算公式:

$$cosA = \frac{sinh sin\varphi - sin\delta}{cosh cos\varphi} \qquad (2.2.2)$$

式中:A 为太阳方位角;h,φ,δ 定义同前。

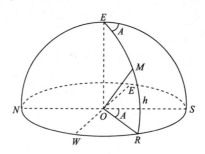

图 2-12　太阳高度角和太阳方位角

2.2.2　时间的概念

对应于不同的参照系有不同的时间,如恒星时、太阳时等。

1. 真太阳时和地方真太阳时

地球绕地轴进行自转就形成了日出、日落的"太阳视运动"。把太阳中心光线两次垂直照射地球某一子午线的时间间隔定义为一个"真太阳日",将太阳日划分为24等份即为真太阳时。对应于每一条子午线都有一个真太阳时间,称为地方真太阳时。由于地球在自转的同时还绕太阳公转,其轨道为椭圆形,太阳位于一个焦点上。地球公转的速度基本上是均匀的,因此,当地球位于公转轨道的不同位置时,其运行时的角速度并不相等。另外,由于地球本身并非正球体,因此其在绕自转轴转动时,还有摄动运动。以上两个原因造成真太阳日的时间间隔每天并不相等,因此每小时的时间长短也因日而异。

2. 平太阳时和地方平太阳时

由于真太阳时随日期而变化,因此如使用真太阳时将造成日常生活诸多不便。为了克服这一缺陷,就产生了平太阳时。天文学上假设有一个"太阳",地球绕这个太阳做均匀运动,并且因此形成的日出、日落的视运动也是均匀的,且正好等于一年真太阳日的平均。把这一假设的太阳称为平太阳。平太阳中心光线两次垂直照射地球某一子午线的时间间隔称为一个平太阳日,把一个平太阳日划分成24等份即得到平太阳时。对应于每一条子午线都有一个平太阳时间,称为地方平太阳时。地球一昼夜转动360°,需要24 h,即每小时转15°,每转动1°,需时4 min。

因为地球上有无数条子午线,对应每条子午线都有一个平太阳时间,因此就有无数个地方平太阳时。各地有各自的时间,这在应用上也很不便,容易造成混乱,因此国际统一规定:每15个经度划分一个时区,全世界分为24个时区,称为标准时。并且以本初子午线对应的地方平太阳时为国际时间,称为"世界时"。由本初子午线向东、向西各分为 12 个时区,并分别称为东、西时区。我国幅员辽阔,由西向东横跨五个时区之多(60°～130°E),全国统一时间为北京时,它是东八区的标准时间,即120°E的地方平太阳时。

2.2.3　太阳高度角和方位角的计算

1. 时间的换算

(1)北京时与地方平太阳时的换算

因地球自西向东自转,所以东方时间早于西方。北京正午时,柏林还是凌晨,而纽约正是深夜。这种时间的差异是由于经度差异造成的,因此可以通过经度差进行换算:

$$T_m = T_B + 经度时差 \qquad (2.2.3)$$
$$经度时差 = (地方经度 - 120°) \div 15°(h) \qquad (2.2.4)$$

式中:T_m 为地方平太阳时,T_B 为北京时。

(2)地方真太阳时与地方平太阳时的换算

由于平太阳时是真太阳时的平均,所以在平太阳时和真太阳时之间存在一个时差,称为"天文时差"。它是由地球绕太阳沿椭圆形轨道公转造成,可以通过天文年历查到。真太阳时与平太阳时的换算关系为:

$$T_0 = T_m + 天文时差 \qquad (2.2.5)$$

式中:T_0 为地方真太阳时,T_m 为地方平太阳时。

2. 太阳高度角和方位角的计算

根据以上讨论可以得出太阳高度角和方位角的计算步骤如下:

根据标准时(北京时)应用式(2.2.3)和(2.2.4)求出地方平太阳时。

根据地方平太阳时,应用式(2.2.5)求出地方真太阳时。

将时角代入式(2.2.1),求出太阳高度角。再将太阳高度角代入式(2.2.2),求出太阳方位角。

2.2.4　几种特殊情况下的太阳高度角和方位角的计算及其意义

1. 正午时刻的太阳高度角的计算

由时角的定义,正午时 $t = 0$,这样公式(2.2.1)即可简化为:

$$h = 90^0 - \varphi + \delta \qquad (2.2.6)$$

由上式可见,当 δ 不变时,正午太阳高度角随纬度增加而减小。当 φ 不变时,正午太阳高度角随太阳赤纬增大而增大。应用上式计算时,如出现 $h > 90°$,应取其补角。

2. 日出、日落时太阳方位角及时角的计算

因为日出、日落时 $h=0$，因此可得到计算时角和方位角的简化公式：

$$\cos t = -\operatorname{tg}\varphi \cdot \operatorname{tg}\delta \tag{2.2.7}$$

$$\cos A = -\frac{\sin\delta}{\cos\varphi} = -\sin\delta \cdot \sec\varphi \tag{2.2.8}$$

由以上两式，可以计算任一地区、任一季节日出、日落的时间和方位。并且根据日出、日落时间可以计算出当地的可照时间：

$$可照时间 = \frac{2t}{15°} \tag{2.2.9}$$

2.2.5　作业

1. 计算哈尔滨某年夏至日上午 10 时（北京时）的太阳高度角和方位角。已知哈尔滨纬度为 $45°45'\mathrm{N}$，经度为 $126°37'\mathrm{E}$，夏至日太阳赤纬 $\delta=23°27'$，天文时差为 $-1'36''$。

2. 计算哈尔滨春分、秋分、夏至、冬至的日出、日落时间和方位，以及可照时间。

2.3　遮蔽条件下日照时间的确定（遮蔽图法）

日照时间长短对作物生长发育有重要影响。当某观测点附近由于地形、地物等遮蔽而不能见到地平线时，则该观测点的日照时间将小于当地的可照时间，因而对农业生产产生影响。

2.3.1　实习目的

掌握遮蔽图的制作和在遮蔽图上查算遮蔽条件下各季节日照时间的方法。

2.3.2　实习准备

1. 经纬仪一架。
2. 极坐标纸一张。
3. 计算器一台。
4. 量角器、圆规、直尺、硬铅笔等。

2.3.3　方法和原理

太阳在天空中沿一定的轨迹进行视运动。太阳在天空的位置可用太阳高度角和方位角表示。

由于测点附近的地形、地物对测点的天空（半球形）产生了遮蔽，使测点的天空失

去了半球形状。遮蔽物的遮蔽情况,可用遮蔽物的方位角和仰角表示。当太阳在某一方位上的太阳高度角大于该方位上遮蔽物的仰角时,阳光可以到达地面。而当太阳高度角小于该方位上遮蔽物的仰角时,阳光不能到达地面。因此,如将太阳的位置(太阳高度角和方位角)和遮蔽物的位置(地物的仰角和方位角)同时点绘在极坐标图上,并比较各相同方位上的高度角和仰角,便可以判断测点上有无日照。在极坐标图上,遮蔽物的仰角与太阳高度角取同一坐标。

太阳高度角和方位角的计算公式如下:

$$\sin h = \sin\varphi\sin\delta + \cos\varphi\cos\delta\cos t \tag{2.3.1}$$

$$\cos A = \frac{\sin h\sin\varphi - \sin\delta}{\cos h\cos\varphi} \tag{2.3.2}$$

2.3.4　实习步骤

1. 遮蔽物的仰角和方位角测定

应用经纬仪测量遮蔽物的仰角和方位角。决定测量点后,架好经纬仪并调整水平。将经纬仪的镜面对准正南方向,自正南至正北顺时针地测量各遮蔽物的方位角和仰角,即从方位角 0°测到方位角 180°。一般规定,每当遮蔽物的仰角变化 5°时,进行一次测量。当遮蔽物的高度变化很小时,每隔 10°方位角测量一次。然后,将镜筒再次对准正南,自正南至正北逆时针测量,即从方位角 0°测到 -180°。观测次数同上,将每组遮蔽的仰角和方位角的观测数据记入表 2-1。

表 2-1　遮蔽物方位角、仰角测量记录表

观测地点＿＿＿＿＿＿　日期＿＿＿＿　观测员＿＿＿＿＿　资料整理＿＿＿＿＿＿

测点号	遮蔽物的方位角	顺时针测得遮蔽物的仰角(α)	逆时针测得遮蔽物的仰角($h = \alpha - 90°$)	测点概况

当遇到房屋等具有铅直边缘的建筑物,并且其与周围物体高度差较大时,需要在同一方位(铅直边缘)测两个仰角。一个为铅直边缘与周围物体相交处的仰角;另一个即为建筑物边缘顶端的仰角。

2. 遮蔽图的绘制

选用一张合适的极坐标纸。用极径长度表示高度角,规定极点为 90°,极径末端为 0°。将极径分成 45 等份,即每一格代表高度角 2°。用极角表示方位角,将 360°等分成 180 等份,即每一格表示方位角 2°。规定极轴在正南时方位角等于 0°,正北为 ±180°。向西为正,向东为负,正西为 90°,正东为 -90°。将表 2-1 所得到各测点的坐

标(方位角和仰角)依次点绘在图上,并将各点用曲线相连。该曲线与高度角为 0°的大圆(最外圈的圆)之间所围部分即为遮蔽物所造成的遮蔽天空范围,可用阴影表示,以便和不遮蔽的天空范围相区别(图 2-13)。

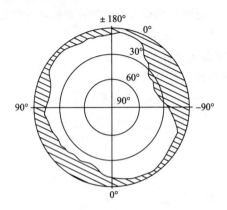

图 2-13　某遮蔽测点示意图

3. 确定太阳视运动轨迹

为了确定遮蔽物影响下某日的日照时间,必须在遮蔽图上描绘出该日太阳视运动轨迹。以哈尔滨春分太阳视运动轨迹图的计算和绘制方法为例,介绍如下:

第一步,求日出、日落及其间逐时的太阳视运动位置,即太阳高度角和方位角。已知哈尔滨纬度为 $45°45'$N。

确定春分日出、日落时间

因日出、日落时太阳高度角 $h=0$,故太阳高度角计算公式(2.3.1)简化为:

$$\cos t = -\operatorname{tg}\varphi \cdot \operatorname{tg}\delta \qquad (2.3.3)$$

因春分时 $\delta=0$,代入上式得 $\cos t=0$,因此得到春分时日出、日落的时角 $t=\pm 90°$。将时角换算成时间:

$$T_0 = \frac{t_0}{15°} = \frac{\pm 90°}{15°} = \pm 6 \text{ (h)}$$

由此可知,日出时间为 6:00;日落时间为 18:00。

确定日出、日落及其间逐时太阳高度角 h 和方位角 A:

a. 日出、日落时的 h 和 A

由于日出、日落时的 $h=0$,则根据公式(2.3.2)得:

$$\cos A = -\frac{\sin\delta}{\cos\varphi} \qquad (2.3.4)$$

因春分时 $\delta=0$,代入上式得 $\cos A=0$,所以得到春分时日出、日落的太阳方位角为 $A=\pm 90°$。即日出和日落时太阳位置 (h,A) 分别为 $(0,-90°)$ 和 $(0,90°)$。

b. 7:00(17:00)即 $t=\pm75°$ 时的 h 和 A

由公式(2.3.1)得：

$$h = \arcsin(\sin\varphi \cdot \sin\delta + \cos\varphi \cdot \cos\delta \cdot \cos t) \qquad (2.3.5)$$

将已知 $\varphi=45°45'$，$\delta=0$，$t=\pm75°$ 代入得：

$$h = 10°24'17''$$

又根据公式(2.3.2)有：

$$A = \arccos\left(\frac{\sin h \cdot \sin\varphi - \sin\delta}{\cos h \cdot \cos\varphi}\right) \qquad (2.3.6)$$

得：$A=\pm79°8'7''$。

因此 7:00 和 17:00 的太阳位置分别为 $(10°24'17'', -79°8'7'')$ 和 $(10°24'17'', 79°8'7'')$。同上计算方法可得到如下结果：

8:00 和 16:00 时，即 $t=\pm60°$：$(20°25'11'', -67°32')$ 和 $(20°25'11'', 67°32')$；

9:00 和 15:00 时，即 $t=\pm45°$：$(29°33'54'', -54°23'10'')$ 和 $(29°33'54'', 54°23'10'')$；

10:00 和 14:00 时，即 $t=\pm30°$：$(37°10'43'', -38°52'12'')$ 和 $(37°10'43'', 38°52'12'')$；

11:00 和 14:00 时，即 $t=\pm15°$：$(42°22'39'', -20°30'34'')$ 和 $(42°22'39'', 20°30'34'')$；

12:00 时，即 $t=0$ 时：$(44°15', 0)$。

第二步，在遮蔽图上绘出太阳视运动轨迹，将逐时太阳位置的计算结果，依次点绘在遮蔽图上，将各点用平滑曲线连接，即得到纬度 45°45′处，$t=0$ 时的太阳视运动轨迹。

用同样方法可以计算出任意时间值，即任一日的太阳视运动位置，并点绘出该日的太阳视运动轨迹。

4. 遮蔽条件下日照时间的确定

在遮蔽图上，自东向西依次找出太阳视运动轨迹与遮蔽部分内边缘的交点（图 2-14），查出交点的太阳高度角 h 和方位角 A，代入公式(2.3.1)，计算出太阳在该位置时的时角 t，并换算成时间。太阳在其轨迹方向上（自东向西）出遮蔽部分为日出，入遮蔽部分为日入。如一天中只有一次日出和日入，则日出、日入的时间即为该观测点的日照时间。如一天中有几次日出和日入，则应将各段分别统计相加，以算出该点全天的日照时间。

翁笃鸣曾提出过一种绘制太阳视运动轨迹的简便方法。该方法仅用日出、日落及正午三个时刻的太阳高度角和方位角，即可近似地绘出太阳视运动轨迹，其最大误差不超过 4°左右。

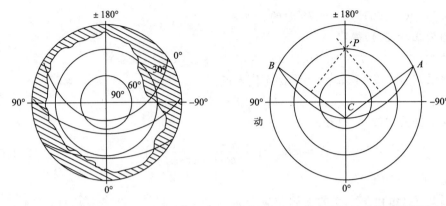

图 2-14　遮蔽图上的太阳视运动轨迹　　图 2-15　点绘太阳视运动轨迹的简易方法

首先求出给定纬度(φ)和给定日期赤纬(δ),然后求日出、日落及正午三个特殊时刻的太阳位置(h, A),如图 2-15 中 A、B、C。然后,通过三点作圆。即先作 AC 和 BC 的垂直平分线,并相交于一点 P。以 P 为圆心,AP 为半径作圆,即为过 A、C、B 三点的圆。圆弧 $\overset{\frown}{ACB}$ 即为太阳视运动轨迹的近似。

2.3.5　作业

1. 实地测绘一张遮蔽图,并计算出该测点春(秋)分、夏至及冬至日遮蔽条件下的日照时间。

2. 试评述用遮蔽图法求遮蔽条件下日照时间的优缺点。

实验 3　温　度

温度是动植物和微生物生存环境的重要条件之一。作物生命过程中所发生的一切生理生化过程,都是在一定环境温度条件下进行的。作物每一个生育期的到来,昆虫每一个生命阶段的完成,都需要一定的积温。温度的高低及一定时间内累积热量的多少,一方面,直接影响作物的生长、分布界限和产量的高低;另一方面,影响作物的发育速度,从而影响作物生育期的长短以及各发育期出现的早晚。

土壤温度不仅直接关系到作物根系的生长和对水分的吸收,而且还影响着土壤微生物的活性和土壤有机质的分解。

温度的高低也是作物病虫害发生、发展的影响因素。

空气温度和土壤温度的测定是农业气象工作中不可缺少的任务,要获得正确的温度资料,就必须了解测定温度仪器的性能、观测方法和注意事项。

3.1　测量仪器

3.1.1　实验目的

(1)了解各种测温仪器的构造和原理;
(2)掌握各种测温仪器的观测使用方法。

3.1.2　实验内容

3.1.2.1　温度的概念

1. 温度:它是表示物体冷热程度的物理量,从微观上来讲,温度可以表示物体分子热运动剧烈程度。

2. 气温:气温是大气层中气体温度的简称。气温变化直接受到太阳辐射和其他辐射的影响。气象预报中的地面气温是指在空气畅通的条件下,以距离地面 1.5 m 高度(百叶箱高度)所测得的空气温度。

3.1.2.2 温标的种类

度量温度高低的标尺叫温标。常用的温标有两种——摄氏温标(℃)和华氏温标(℉)。亚洲国家多用摄氏温标,摄氏温度是法定计量单位。但欧美国家习惯用华氏温标,华氏温度为非法定计量单位。

1. 摄氏温标

摄氏温标以一个标准大气压下的纯水冰点为 0℃,沸点为 100℃,中间等分 100 格,每格为 1℃。

2. 华氏温标

华氏温标是以一个标准大气压下的纯水冰点为 32 ℉,沸点为 212 ℉,中间等分 180 格,每格为 1 ℉。

3. 摄氏温标与华氏温标换算关系

$$t℃ = \frac{5}{9}(t℉ - 32)$$

$$t℉ = \frac{9}{5}t℃ + 32$$

3.1.2.3 温度表的种类

任何物质在温度变化时,都会引起自身物理特性和几何形状的改变。如长度的变化、体积的变化、电阻值的改变以及热电动势的增减等。因此,只要测定出某种物质的物理特性或几何形状随温度变化的数量关系,就可做成测定温度仪器的感应元件,制成各种各样的温度表,如玻璃液体温度表、电阻温度表等。

1. 玻璃液体温度表

玻璃液体温度表种类繁多,根据液体成分区分有水银温度表、酒精温度表;按功能区分有最高温度表、最低温度表、曲管地温表、直管地温表、地面最高温度表、地面最低温度表等;按外形区分有棒状温度表、套管温度表等。根据测量的目的和测量的精确度要求不同,选择不同类型的温度表。

(1)玻璃液体温度表的构造

玻璃液体温度表的基本构造分三部分:感应球、毛细管和标尺。毛细管一端封闭,另一端与球部相连,球部和毛细管的一部分充满测温液,与毛细管相平行地附有一温度标尺,当被测介质的温度高于测温液时,测温液和玻璃都因受热而膨胀,但玻璃的膨胀系数远小于测温液的膨胀系数,一部分测温液被迫进入毛细管,毛细管内液面升高。相反,当被测介质温度低于测温液时,测温液冷却收缩,毛细管内液面下降。因此,毛细管内测温液面的高低,能反映出周围介质温度及其变化,并通过标尺读出温度示数。

通常所用的测温液有水银和酒精,水银和酒精都具有明显的热胀冷缩特性。水银比热容小、导热率大、易于提纯、内聚力大、沸点高(356.9℃),且与玻璃不发生浸润作用。所以,可制成精确度很高的水银温度表。但水银的冰点高,只有−38.9℃,测低温不太适宜,而酒精的冰点很低,为−127.3℃,用来测低温较好,但酒精的沸点低,为 78℃,且酒精本身膨胀系数不够稳定,纯度较差,容易挥发,以及对玻璃有浸润作用等缺点,所以酒精温度表的精确度不如水银。水银多用做普通温度表和最高温度表的测温液,酒精多用于最低温度表的测温液。

温度表的球部有球形、叉形、圆柱形等各种不同形状。装有相同体积测温液的不同形状的感应球,以圆柱形比表面积较大,球形较小。比表面积愈大,惯性愈小。温度表的毛细管是感应球部的延伸部分,毛细管越细,灵敏度越高。毛细管未被测温液充满的空间为真空或充满惰性气体。

温度表的标尺刻有温度度数,有的标尺直接刻在玻璃棒上,这种温度表叫棒状温度表。有的标尺刻在瓷板上,瓷板和毛细管都封在一个玻璃套管内,这种温度表叫套管温度表。还有棒状温度表的温度标尺刻在温度表下的衬板上,这种温度表叫衬板式温度表。其中以套管温度表最好,因为毛细管距离标尺最近,读数时因玻璃的折光产生的误差小。标尺刻度范围根据需要各不相同,农业气象工作中常用的温度范围有−52~41℃,−16~81℃,−36~46℃,−36~81℃ 等。标尺的最小分度值有 0.2℃、0.5℃、1℃不等,最小分度值愈小,读数愈精确。标尺上最小分度值为 0.2℃,可精确地读到 0.1℃,最小分度为 0.5℃和 1℃,只能准确地读到 0.5℃,所以在使用温度表时,要根据所需的温度范围和精度来进行选择。

(2)玻璃液体温度表的分类

农业气象工作中所用温度表多采用套管温度表。套管既可保护毛细管和瓷板免受损坏,又可减少毛细管受外界温度的影响。

根据温度表功能:可将温度表分为普通温度表、最高温度表和最低温度表。

①普通温度表:普通温度表即一般的套管温度表。农业气象工作中用于测定空气温湿度的干湿球温度表(图 3-1 和图 3-2)、地面温度表、地中曲管和直管地温表均属普通温度表。

曲管地温表在球部以上部位弯曲成 135°或 90°角,以便埋入土中后,刻度板与地面呈 45°角便于读数,在曲管地温表的套管内标尺以下填满棉花,以消除套管内上下层的空气对流,确保球部温度的准确性。曲管温度表用于测量 20 cm 以上土壤温度。

直管地温表用来测定 20 cm 以下各深层土壤温度。其温度表也是套管温度表,不同是它将温度表嵌进硬胶管内,并固定在木棒的一端。套管的一端,环绕温度表球部附近的套管是铜的,铜套和球部之间填满铜屑,增大惯性,防止温度表从管中抽出后,由于空气温度高于或低于土温而引起温度表示度的改变。

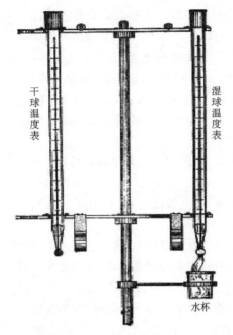

干球温度表

湿球温度表

水杯

图 3-1　干湿球温度表

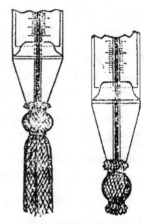

图 3-2　0℃以上时湿球包扎(左)

和 0℃以下时湿球包扎(右)

　　②最高温度表:是用来测定某一段时间间隔内的最高温度。其所以能测得最高温度是由其构造特点决定的。

　　最高温度表的构造特点是在温度表的球部与毛细管相连处,造成一狭窄缝隙,这个狭窄缝隙可由两种方法构成。一种是在温度表球部的玻璃底面上,焊一玻璃针,玻璃针的尖端伸入毛细管口内,但不与毛细管相接触,使玻璃针与毛细管壁间造成狭窄的通道(图 3-3a)。另一种方法是将与球部相接触的毛细管做成一狭窄区(图 3-3b),当温度上升时,由于球部水银膨胀产生的压力,将一部分水银挤入玻璃内管中,于是水银柱增高。而温度下降时,水银收缩,但因球部处窄小孔道所阻,使管中的水银不

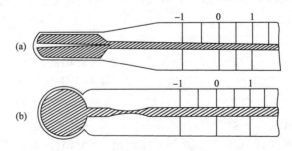

图 3-3　最高温度表球部示意图

能自由通过,因而,水银在狭窄处断裂,所以窄通道上部的水银柱仍停留在原处。这时水银柱头所示温度就是两次观测期间的最高温度。

③最低温度表:最低温度表(图 3-4)是用来观测某段时间间隔内的最低温度,它的球部多呈棒状或叉形,在毛细管内酒精中有一很小的深色玻璃游标(哑铃型),游标可在毛细管内酒精中移动。当温度降低时,酒精柱收缩,向球部方向移动,由于酒精柱头液膜的表面张力作用将游标拉向温度表球部方向,直到温度不再降低时为止。这时游标停留的位置即哑铃形游标前端所示温度值就是最低温度。当温度增高时酒精可绕过游标流过,而不会移动游标的位置。

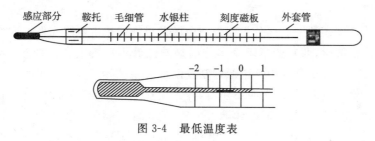

图 3-4　最低温度表

2. 温度自记计和其他测温仪

(1)温度自记计(图 3-5)是专门用来记录温度随时间变化的,并把这一过程一一记载下来。

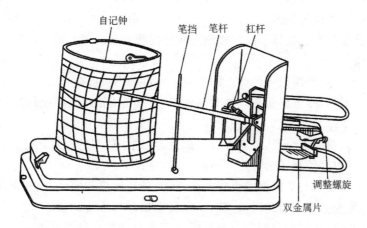

图 3-5　温度自记计

构造:主要是感应部分和自记部分。温度自记的感应部分是由两种膨胀系数不同的弯曲的双金属片或盛满酒精的金属袋子——巴唐管构成。它的一端固定在仪器内部支架上,另一端连接在仪器杠杆系统上。当温度升高时,双金属片因膨胀而变形,即稍稍伸直,这种微小变化,借助杠杆系统传递放大作用,使笔杆上升,于是笔尖在自记纸上划出相应的曲线。反之,温度下降时,笔尖下降也在自记纸划出相应的曲线。

温度计的自记部分有自记钟及自记纸。自记钟内部构造与钟表内部构造基本相同。表筒上有上弦孔,快慢调整孔。自记钟分日型(即一日转一周)和七日型(即一周转一圈)。自记纸贴附在钟筒上,两边相连处用金属压条固定在钟筒上,压条上部钩套在钟筒缺口上,下部插入钟筒圆底凸缘的小孔里。

(2)半导体温度表

半导体温度表可用来直接测定植株各部分(如叶片、茎秆等)的温度,它较为灵敏、测温迅速方便。

半导体温度表的感应部分主要是一个微型半导体热敏电阻元件。这个元件对温度的变化非常敏感,即它的电阻率十分明显地随着温度的变化而变化,当温度升高时,电阻急剧下降,正是利用这个原理制成温度表。

观测使用注意事项:①平时不用时,开关应在"关"处。②观测前,应调整满刻度,将开关转到"满"处,用"细调"电钮调整电压,使指针与满刻度线重合。③将感应元件接触到待测物体,然后将开关转向"测"处,电表指针即迅速移动,待稳定,即为被测物体部位的温度指示值。④测温结束后,将旋钮由"测"转到"关"处。

3. 温度读数和使用测温仪器时注意事项

为正确读取玻璃液体温度表上的示度必须注意以下几点:

(1)玻璃液体温度表采用直读的方法,即用人眼在标尺上读数,不能遥测或隔测。因此,必须注意只有感应球不脱离被测介质时读数方为合理。测量深层土壤,只有使用地温表才行。

(2)读数时,应先读温度标尺上的小数位,后读整数位。

(3)读数时,要尽可能避免人体对温度表,尤其是对温度表感应部位的影响,以免温度上升(或下降)。为此,人体任何部位不要过分接近温度表。

(4)要注意视线的位置,温度表直立放置时,视线要与感应液的弯月面相切。当温度表平放时也要使视线透过弯月面的切点,垂直于标尺。

(5)最高温度表与最低温度表要平放,观测最高温度表时:应注意温度表的水银柱有无上部滑脱离开窄道的现象,若有,应稍稍抬起温度表的顶端,使水银柱回到正常位置后再读数,观测最低温度表时视线应平直对准游标远离球部一端。最低温度表和最高温度表观测后必须调整读数。

(6)精度为 0.5℃的标尺,在每小格内估计五份,估读到 0.1℃;精度 0.2℃的标尺,在每一格内估计成两份,估读到 0.1℃。

(7)在使用半导体温度表时,一定要注意在调整满刻度电压达不到满刻度时,要更换电池。并且其热敏元件,多采用玻璃封结,在测温时应防止与较硬物件接触以免损坏元件。

3.1.3　实验步骤

（1）于实习前一天给温度自记计换上一张新自记纸，并给自记笔注入墨水，自记钟上弦。

（2）认识棒状温度表、套管温度表、最高温度表、最低温度表、曲管温度表、直管地温表，注意观测各种温度表的外形特征，感应球特点，标尺的精度以及每支温度表的刻度范围。并进行温度表的读数练习，温度读数要精确到 0.1℃。

（3）取一支棒状温度表垂直拿起或挂起，使视线高于、低于或与液柱顶端弯月面相切，各进行一次读数，比较读数的差异。

（4）仔细观察最高温度表、最低温度表的构造，并实测温度变化引起的最高温度和最低温度的变化。

（5）将温度自记仪上的自记纸取下，分析过去一天内温度的日变化，找出最高最低温度出现的时间和数值，并计算温度日较差。

（6）用半导体温度表实测当时的空气温度，用二手指（拇指和食指）握住半导体温度表实测一下人的体表温度。

3.1.4　实习作业

1. 套管式温度表为什么比玻璃棒温度表好？

2. 绘图说明最高、最低温度表测最高温度和最低温度的原理并将实测电热风的最高、最低温度值记下来。

3. 将温度自记纸的分析结果附上。

3.2　辐射和风对温度表的影响

当温度表感应球中的测温物质与空气温度进行热量交换达到平衡时，温度表的示度就指示了空气当时的温度。如果温度表感应球吸收了太阳辐射或地面的反射辐射或其他物体的长波辐射，温度表的示度将不能正确反映空气温度。此外，温度表及其防辐射装置的存在也同样影响周围空气的温度，所以要正确测定气温还必须要求感应球周围保持一定的气流速度。

3.2.1　实习目的

了解防辐射和通风对温度表示度的影响。

3.2.2　实习设备和仪器

1. 四个由双层隔板做成的防护罩,第一个防护罩的两层隔板内外全涂黑;第二个防护罩隔板内外全涂白;第三个防护罩隔板向外的两面涂黑,向里的两面涂白;第四个防护罩隔板向外的两面都涂白,向里的两面均涂黑。

2. 五支感应较灵敏的套管温度表。

3. 风扇两个。

3.2.3　实验原理

使用温度表测量气温时,如果温度表不经任何遮蔽而暴露于太阳直接照射下,这时温度表的示度并不是周围空气的温度,而是温度表的感应球吸收了太阳辐射和周围物体长波辐射后的温度,可以用公式表示如下:

$$A_N = \alpha Q_i + \delta(L_i - \sigma T^4) \tag{3.2.1}$$

式中:A_N 是温度表感应球对辐射能的收支差额;Q_i 是射到温度表球部上的太阳短波辐射,它包括太阳直接辐射和天空散射以及地面和其他物体对太阳辐射的反射辐射;α 是温度表感应球对太阳辐射的吸收率;L_i 是周围介质和物体放射出并到达温度表球部的那一部分长波辐射;σT^4 是温度表球部放出的长波辐射能,其中 σ 是波尔兹曼常数(5.67×10^{-8} W/(m² · K⁴)),T 是温度表感应球部表面的绝对温度;δ 是温度表球部对长波辐射的吸收率。

温度表感应球吸收(或放出)了辐射能 A_N 后,用以增高(或降低)本身的温度。

其增(降)温度值由下式表示:

$$T_N = \frac{C_p V \rho}{S} \cdot \frac{\mathrm{d}T}{\mathrm{d}t} \tag{3.2.2}$$

式中:C_p 是测温液的比热容,S 是温度表球部的表面积,V 是温度表球部内测温液的体积,ρ 是测温液的密度,$\mathrm{d}T/\mathrm{d}t$ 是温度表测温液的温度随时间的变化率。

同样,空气的辐射能收支也可以由类似(3.2.1)的公式表示。但空气对太阳短波辐射的吸收率与温度表感应球对太阳辐射的吸收率是不相等的,空气对太阳辐射的吸收率很小。这样空气和一支暴露在阳光下温度表所吸收的辐射能就不相同,温度表的示度就不能反映空气温度的高低。它们之间存在温度差异,温度表感应球与空气之间能量的交换量(H),可以表示如下:

$$H = \omega(T_a - T) \tag{3.2.3}$$

式中:ω 是空气和温度表感应球之间热传导系数,它与风速有关;T_a 是空气的温度;T 是温度表的温度示数。

温度表得到(或丢失)的短波辐射和长波辐射的总能量为 $H+A_N$。由于吸收辐

射能,导致温度表示度的改变量为:

$$H + A_N = \frac{C_p V \rho}{S} \cdot \frac{\mathrm{d}T}{\mathrm{d}t}$$

当温度表温度不变时,即 $\frac{\mathrm{d}T}{\mathrm{d}t} = 0$ 时,则有:

$$H + A_N = 0$$

则

$$\omega(T - T_a) = A_N$$

那么

$$\Delta T = (T - T_a) = \frac{A_N}{\omega} = \frac{1}{\omega}[a\theta_i + \delta(L_i - \sigma T^4)] \tag{3.2.4}$$

式中温度都必须用绝对温度。

在晴朗的白天温差 ΔT 可达到 4~5℃甚至高达 10℃以上。但是,如果用表面光亮的隔板遮住温度表,防止太阳短波辐射和地面长波辐射,则 α 和 δ 均可减少到 0.1 左右。白漆防辐射效果也很好,如百叶箱和通风干湿表均有良好的防辐射性能,并均能通风,保证空气的流通。

3.2.4　实验步骤

1. 将四个带有防辐射罩,一个没有防辐射罩的温度表架固定在室外木架上,在相同高度上水平放置

2. 将五支相同的温度表分别安装在五个温度表架上,温度表球部朝南。

3. 悬挂一个通风干湿表,使其感应球部分与以上五支温度表感应球在同一高度上。

4. 附近装一小百叶箱,百叶箱内安装一支温度表,其感应球部高度与其他温度表相同。

5. 在五支温度表的东西两侧各安装一个电扇。

6. 温度表装好 10 min 后,对以上七支温度表(五支待测温度表和通风干湿表中的两支温度表)按一定顺序读数,然后再按反顺序依次读数,两次读数平均作为本次观测值。读数精确到 0.1℃。

7. 给通风干湿表通风,待其风速稳定后(即 3 min 后),对七支温度表(五支待测温度表和通风干湿表中的两支温度表)进行读数,方法同步骤 6。

8. 接通风扇电源,用电风扇造成一定风速,使五支温度表周围有一定的风速,并使通风干湿表通风,读取上述七支温度表的温度,读数方法同步骤 6。

3.2.5　作业

1. 试比较分析七支温度表(五支待测温度表和通风干湿表中的两支温度表)读数差异的原因,并分析各种防辐射装置的优缺点,哪一种防辐射罩的涂色合理? 为

什么?

2. 试说明风速对温度表示度的影响以及通风对测定空气温度的准确度有何影响。

3.3　温度表的简易检定法

温度表的示度值和被测介质温度值之间,往往由于刻度的不准确,而出现一定的误差,该误差就是仪器误差,简称器差。为此,必须用标准温度表对所用温度表予以订正,因此要掌握温度表的检定方法。

3.3.1　实验目的

掌握温度表的简易检定方法。

3.3.2　实验准备

1. 一支刚经过检定附有检定证的温度表(也叫标准表)。
2. 若干待检定的温度表,包括液体温度表两支,电阻温度表和半导体温度表。
3. 500 mL 广口瓶一个,在软木盖上打孔以便插入温度表,中间孔插入"标准表",围绕"标准表"的小孔插入待检定温度表。
4. 搅拌器一个。
5. 放大镜一个。
6. 空白检定证若干。

3.3.3　原理和方法

本实验所做温度表的检定是指对已定好温度刻度的温度表按标准温度表订正。温度表的零点是以冰、水共存温度为标准。温度表 100℃刻度以水、水蒸气在标准大气压下,处于沸点时达到热力平衡的温度为准,在零点和沸点之间等分 100 份,每一等份定为 1℃,这种刻标方法并不精确,因为液体的膨胀系数随温度变化并不是线性的。同时毛细管本身粗细也不是完全均匀一致。因此,每支温度表出厂前必须经过检定,并附有该温度表的订正值。

即使经过出厂检定的温度表,由于玻璃的老化收缩,所以经过一段时间后,0℃位置要发生变化,由于 0℃的刻度位置改变,就会引起所有刻度所代表的温度值发生变化,这就需要重新订正。所以说这一工作要定期进行。

温度表的检定(定标)应在恒温槽内进行,并以标准温度表为准。若受条件限制,缺少检定设备时,可用广口瓶改装成一个简单的恒温槽,使用刚经过检定的温度表代替标准表,但要注意选择 0℃订正值极小的水银温度表作为标准表为好。

在温度的电测量仪器中,由于感应元件和电测量系统的特性变化,也会使出厂标定的温度表刻度与被测介质温度不一致而造成误差,也必须定期进行温度表刻度的检定。

3.3.4　实验步骤

1. 检查所有待检定的温度表,剔除不能使用的。如有断柱应予以修复(见后面3.4节)。

2. 将检查过的温度表,逐支登记其型号、表号,检查原检定证。

3. 标定零点(0℃)。

(1)将洁净的冰块刨碎,放入保温瓶至 2/3 处,并在冰屑上层用棒做出几个圆洞。

(2)将待检定温度表和"标准表"插入冰屑圆洞中,注意使每支温度表的零点稍高于瓶口。将冰屑填入保温瓶,使冰屑与温度表紧密接触,冰屑填至瓶口以上 10 cm。

(3)从"标准表"开始,依次记下各支温度表的表号。

(4)经半小时左右,仔细除去 0℃ 刻度以上的冰屑,注意不碰温度表。

(5)用放大镜依次读取标准表和各待检定温度表的读数,精确到 0.1℃,然后再反顺序地读取各温度表示度。

(6)将标准温度表的两次读数平均值定为零点,每支待检定温度的两次读数平均值定为该被检定温度表零点的读数。各支温度表的读数即是该温度表在 0℃ 时的订正值。正负号与读数的符号相反。例如,"标准表"的读数为 −0.2℃,那么,此温度表 0℃ 的订正值就是 +0.2℃。

(7)将上述标准表 0℃ 订正值的改变量,订正到该温度表所有刻度上,如:"标准表"原来 0℃ 订正值为 0.0℃,检定后新 0℃ 订正值为 0.1℃,即零点上升了 0.1℃,这时,"标准表"的其他刻度的温度订正值相应都要上升 0.1℃,于是新的检定证应为:

温度表刻度	0℃	+10℃	+20℃	+30℃	+40℃	+50℃
旧订正值	0.0	0.0	−0.1	−0.1	0.0	0.0
新订正值	−0.1	−0.1	−0.2	−0.2	−0.1	−0.1

4. 零上温度检定

(1)把广口瓶中冰屑取出,装入约 10℃ 左右冷水,盖上盖。把每支待检定温度表和标准表从盖孔处插入瓶中,加以固定。将水搅拌后等三分钟,观测标准温度表,并调节水温至 10℃,待示度稳定后,按顺序往返两次读数取其平均值,被检定表两次读数平均与标准表两次读数(经订正后值)平均值之差,即为该温度表在该温度值处的订正值。被检定表读数高于"标准表",订正值为负,反之为正。

(2)依次使水温提高至 20℃,30℃,40℃……求出各温度时的订正值。

5. 零点以下温度订正

检定方法同 3,但在保温瓶内放入冰屑和盐的混合物,检定时从 0℃开始,然后逐渐加入纯洁食盐,使温度逐渐降低。读数订正方法同上。

6. 编制检定证

经过上述检定,所得到的是 0℃和每 10℃位温度的订正值。将其检定证订正:如

被检定表示度	−20.2	−10.0	0.0	+9.9	+19.9	+29.9……
订　正　值	+0.1	−0.1	−0.1	0.0	0.0	+0.3……

以上所给订正值在实际使用时很不方便。为了写出所有温度示度的订正值,可以用图解法求出并列表。图解法是以横坐标表示温度,纵坐标为温度订正值。将上表各值点在图上,并顺序连接各点。做成该温度表的订正折线。平行横坐标用虚线绘出 −0.15,−0.05,+0.05,+0.15,+0.25,+0.35 各温度的平行线(图 3-6)。

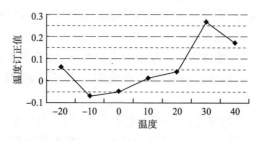

图 3-6　温度检定表(℃)

然后读出各虚线与订正值折线的交点所对应的温度示度值,例如与订正值 +0.05 和 −0.05 相对应的温度读数是 −19.3℃和 −11.4℃。因此,在 −19.3℃至 −11.4℃温度范围内,该温度表的刻度订正值均规定为 0.0℃,同法可以得到各温度表不同温度范围内的温度订正值表。例如图 3-6 的检定证编制结果如下:

温度示度值(℃)		订正值(℃)
从	到	
−20.2	−19.3	+0.1
−19.2	−11.4	0.0
−11.3	0.0	−0.1
0.1	20.5	0.0
20.6	24.8	+0.1
24.9	28.9	+0.2
29.0	32.3	+0.3
32.4	40.2	+0.2

3.3.5　作业

1. 完成一组温度表刻度的检定(0℃和零上),制出订正表并记入检定证。
2. 试讨论为什么检定温度表要从 0℃开始?

3.4　液体温度表断柱的修复

3.4.1　实验目的

学会玻璃液体温度表断柱的修复方法。

3.4.2　实验准备

1. 一支完好的水银棒状温度表。
2. 数支断柱的水银温度表和酒精温度表。
3. 泡沫海绵垫一块,特制布袋一个。
4. 保温瓶一个,热水和冰若干。

3.4.3　实验方法及原理

修复的方法可有几种:

1. 撞击法:用手握住温度表的基部,使温度表呈铅直状态。在桌边垫一软毛巾,使球部伸出桌缘,握紧温度表,手臂在毛巾上垂直撞击。水银或酒精靠惯性作用,冲破气泡,断柱相接。注意向下撞击时,温度表不能过分摆动以免甩断毛细管,过长的温度表不宜使用此法。

2. 甩动法:将温度表置于特制细长布袋内,感应球部朝下,垫上海绵,布袋顶端用绳扎紧,用手握住绳子,在高于头顶的位置水平旋转。依靠液体离心力冲破断柱中的气泡而接在一起。注意,停止转动时要缓慢减速,以免碰坏温度表。对于酒精温度表一般可以握住球部向下甩动,但要注意不要碰到其他物体。

3. 加热法:此法只适用于毛细管有膨大空隙(梨形)或间断部位较高(即断柱较短)的情况,具体步骤是把温度表放入预先准备好的冷水中,然后逐渐加入热水,使温度表的液体柱上升,直至全部柱中气泡进入了毛细管顶端空室内,轻轻震动表的上部,使液体聚集在一起,然后再缓慢降温,测温液渐渐缩回毛细管内,断柱连接。使用此法,不可加热过快,并且液体冲入顶端空室内,不得超过顶端空室的 1/3,降温亦不可过快。

4. 冷却法:将断柱温度表置于极低温度条件下使全部液体收缩进入感应球内,

即可排除气泡、接好断注。

3.4.4　实验步骤

1. 将一支断柱酒精温度表用撞击法修复。

2. 将一支断柱酒精温度表用甩动法修复。

3. 将一支断柱水银温度表用加热法修复。

(1)观察温度表的最大示度值和由最大示度值至顶端空室的毛细管长度,估计该毛细管最顶端的可能示度 $t℃$。

(2)取一保温瓶,用热水和冰调节水温略低于 $t℃$。

(3)置待修温度表球部于保温瓶中,注视温度的上升。

(4)向保温瓶中缓缓地加入高于 $t℃$ 的热水,密切注视测温液的上升,待测温液柱进入顶端空室后仍继续加热,直至全部断柱进入顶端空室为止。

(5)轻轻敲击温度表顶部,然后缓缓地降温,检查断柱处是否已接好。

3.4.5　作业

1. 将修复温度表断柱液体的过程记入实习作业本。

2. 为什么在修复断柱时要缓慢升温和降温?

实验 4　湿　度

　　水分是作物生长发育不可缺少的重要因子之一,农田适宜的空气湿度维持着作物必要的蒸腾,从而使作物进行着正常的生理活动。过分干旱和过分潮湿都是对作物生长不利的。农田空气湿度过大,有利于病菌的繁殖,促使作物病害发生。农田湿度过小,土壤蒸发和植物蒸腾过多,易引起干旱。所以田间空气湿度的测定,不仅是研究作物生长发育必不可少的农业气象因子之一,而且对研究农田蒸散也是必要的。研究农田的蒸散动态状况,是鉴定作物水分利用率和合理灌溉的必要条件。

　　空气湿度的测定方法很多,常用的有干湿球测湿法、毛发表测湿法等。

4.1　实验目的

　　(1)掌握测定湿度仪器的构造原理、安置、检测方法;

　　(2)学会查算湿度表和计算各种湿度的方法。

4.2　实验内容

　　1. 表示湿度的几种方法

　　(1)绝对湿度(e)

　　1 m^3 空气中的水汽克数(g/m^3)称绝对湿度。由于单位容积中的水汽压值(e)与绝对湿度的水汽克数在数值上相近似,所以常用水汽压值表示绝对湿度。

　　(2)相对湿度(RH)

　　空气中的水汽压(e)与当时温度下饱和水汽压(E)的百分比。

$$RH = \frac{e}{E} \times 100\%$$

　　(3)饱和差(d)

　　在一定温度下,饱和水汽压(E)与实际水汽压(e)之差。

　　(4)露点温度(t_d)

　　未饱和空气,在气压不变、水汽含量不变的条件下,空气冷却到水汽饱和时的温度称露点温度单位,用℃表示。

2. 测定湿度的仪器

(1)干湿球温度表

①构造及测湿原理：干湿球温度表由两支型号、大小完全相同的温度表组成。其中一支温度表的球部包上脱脂纱布，下面置一个小盂，里面盛满蒸馏水，纱布系于盂中，使水沿纱布上升保持纱布湿润。这支温度表就叫湿球温度表，另一支温度表叫干球温度表。

干球温度表的示度表示当时的空气温度，湿球温度表的示度表示湿球球部表面发生蒸发后，温度表球部本身的温度，当空气中水汽未饱和时，由于湿球表面水分的蒸发，湿球表面及附近薄层空气由于蒸发耗热而温度下降，致使湿球温度下降。当空气饱和差(d)愈大时，湿球水分蒸发愈强烈，则湿球温度下降愈多，湿球温度和干球温度的差值愈大。当饱和差愈小时，湿球水分蒸发愈小，则湿球温度下降愈少，干球温度和湿球温度的差值就愈小。因此，用干湿球温度读数的差值，就可以计算出空气湿度。

②安置：干湿球温度垂直悬挂在小百叶箱中，湿球在西边，干球在东边，球部距地面 1.5 m 高。

③观测方法：观测前检查湿球纱布的湿润状况，水盂内蒸馏水的多少，能否湿润纱布，湿球纱布要经常更换，以保持纱布的良好吸湿能力。

观测时，要先读干球温度，后读湿球温度，读数时视线要与液柱面顶端平行，先读小数，后读整数。读数要迅速准确，不得在表身停留过久，以免人为地影响示度的准确性，读数精确到 0.1℃，温度在 0℃ 以下时，记录数字前要加负号(－)，将该数计入相应栏目，并按所附检定证进行器差订正。

(2)通风干湿表(阿斯曼通风干湿表)

①构造及测湿原理：通风干湿表(图 4-1)是由两支精确度很高，型号、大小完全一致的温度表组成，其中一支为干球，另一支为湿球。为防外来辐射特别是阳光的直接照射，在球部的外部套有双层套管，即外套管(3)和内套管(4)，套管上部有象牙环(象牙环主要是防止热量传导)。套管与中部的通风直管(6)相连。通风直管与风扇(5)相通，当风扇匀速转动时，空气就从球部四周通过套管，使空气不断流动且经过温度表球部，因此测得的温、湿度具有代表性。为了减少太阳直接辐射的影响，仪器的外部表面电镀有光亮的镍和铬，使得此仪器具有良好的反射性能。因此，它可以具备百叶箱的功能。通风干湿表轻便，精确度高，便于携带，是目前农田小气候主要测温湿度仪器。

②观测方法：首先选择好测点和高度，然后将湿球的纱布浸湿，上弦转动风扇的发条，远离等候 8～10 min 后示度稳定时进行读数。

③仪器的维护：外部表身的亮度好坏，影响实测值的代表性，因而切勿损坏表身

的光亮度,以保持仪器的良好性能。另外,干湿球温度表的长短,粗细均匀是根据仪器自身要求制成的,损坏一支不易配制,所以悬挂时要牢固,以防损坏。湿球温度表湿润时只能用蒸馏水来保持湿球表面的蒸发率,不可直接用泉水、井水、河水等,无蒸馏水时,可用烧开的水或干净的雨水代替。仪器用后要放置在干燥处,以防生锈。

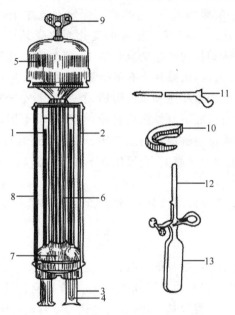

图 4-1　通风干湿表

1. 干球温度表;2. 湿球温度表;3,4. 双重保护管;5. 风扇;6. 中央圆管;
7. 三通管;8. 外保护板;9. 钥匙;10. 防风罩;11. 挂钩;12. 玻璃滴管;13. 橡皮囊

(3)ZJ1-2A(2B)型温湿度计

①概述

ZJ1-2A(2B)型温湿度计主要用于纺织、科研、环保、仓库等各行各业及气象台(站)作连续记录空气温度和相对湿度变化的仪器。

该仪器采用全透明的有机玻璃及塑料罩壳和铝型材底座组合而成,钟机采用机械自记钟,可分 1 天(日记,ZJ1-2A 型)和 7 天(周记,ZJ1-2B 型)两种。

本系列产品型号与技术参数:温度范围/精度:$-35 \sim 45℃/\pm 1℃$;湿度范围/精度:$30\% \sim 100\%$(RH)$/\pm 5\%$(RH);记录时间/精度:1 d(日记)/± 5 min;外形尺寸:320 mm×143 mm×280 mm;重量:3 kg。

图 4-2　ZJ1-2A(2B)型温湿度计

②结构与原理

温度感应元件是双金属片,其一端与元件支架相连,另一端为自由端与调节机构相连,当空气温度变化时,双金属片自由端左右移动,通过传动机构传递到自记笔上把温度变化连续记录下来。

湿度感应元件是一束脱脂人发,它的两端固定在支架上,中间套在传动的小钩上,当空气相对湿度变化时,毛发束随湿度的变化而改变其长度,该变化经小钩传递到两弧片装置处,通过传动机构传递到自记笔上,把湿度变化连续记录下来,弧片装置由大弧片组合小弧片组成,大弧片上有平衡重锤,能使毛发束始终保持紧张。

记录部分及外壳:外壳由底座和罩盖组成,在底座上安装有一固定主轴,记录筒底上装有自记钟,在记录筒底下有外露小齿轮,它和主轴上固定齿轮相啮合,当自记钟在运行过程中,记录筒绕主轴能均匀地旋转。底座上还装有笔挡。

自记纸用金属条压在记录筒上,金属压条下端插入筒底边的槽里,上端夹在记录筒上边缘的缺口里。

外壳右侧为感应元件及传动部分,为保护起见有通风的保护罩插入底座上特制槽内,再用螺钉固定。

③调整

仪器从包装箱中取出后,打开罩壳取去固定记录筒顶部的填料和有关部位用的扎线,将记录筒拿出,换上需要的日记或周记纸,并上紧自记钟的发条,听到钟已在运转,将记录筒放入主轴上与齿轮啮合,然后把笔杆与弧片的扎绳去掉,移动笔挡,使笔尖贴住自记纸。

温度调节:以通风干湿表的干球温度表移置双金属片处调节调节螺钉,使自记纸的示值与温度表示值相同。

湿度调节:用清洁的毛笔蘸上蒸馏水将毛发束全部润湿,待十分钟后调整调节螺钉,使笔尖指示在自记纸湿度值为 95％处盖好罩壳,两小时后与室内的相对湿度相比较(用通风干湿表或标准的干湿球温度表求得室内湿度)再微调调节螺钉,使湿度的示值与室内相对湿度相符合,然后把自记纸时间对准当时时间,即可使用。

④使用注意

仪器的安装应水平,离地的高度以便于换自记纸为宜,但不能安放在门窗、火炉旁边及阳光直射的地方,一般应放在有代表性的场地或百叶箱内。

自记纸在记录筒旋转一周后,就应更换。更换自记纸时,应注意:a. 应在自记纸上划出一根终止的时间记号。b. 拨开笔挡,使笔尖离开记录筒。c. 从主轴上取下记录筒,抽出纸夹,取下自记纸,换上新纸,应注意纸的下边沿紧靠记录筒边缘,且自记纸的上端、下端及中线相应对齐,自记纸应紧贴记录筒,然后插入纸夹。d. 记录筒装入主轴后,应使齿轮啮合良好,拨动笔挡使笔尖距自记纸 1 mm 处,转动记录筒使笔尖位置同当时时间一致,为了准确地把记录筒放在合适的位置上需捏紧记录筒旋转,超过当地时间,再将记录筒逆时针方向稍稍回转至当地时间,以便消除齿轮啮合缝隙,务必要做到再使笔尖对准当时时间。

⑤维护

湿度部分的毛发束应保持洁净,一般在2~3个月后应清洗一次(特殊情况下应考虑提前清洗)。

方法:用洁净的毛笔蘸蒸馏水,细心地在毛发束上洗刷数次,至毛发束无尘污存留为止。

没有特殊原因,不要调整自记仪器的笔位,只有当笔尖走到快超过自记纸边缘而可能损失记录时,才可以把笔尖向上或向下调整。自记钟应按规定日期上发条,一般一周上弦二次,如果未到上弦日期,自记钟停了,可用手捏住记录筒,使其绕轴均匀地转动,即可走动。如果仍不走的钟须送去修理。

自记钟的快慢调节:记录钟筒走时误差较大时,应进行调节。方法是拨开记录筒上的快慢调节孔,根据钟筒走时快慢情况,用合适工具将自记钟上的快慢针稍稍拨动,如走时快,应将快慢针拨向"一"方面,慢则拨向"十"方面。

⑥使用环境

仪器不使用时应储放在室温—10~40℃,相对湿度不超过80%的室内。室内空气不得含有酸性及其他腐蚀性气体及挥发性油类气体存在。

3. 湿度的查算

(1)湿球温度的示度不仅受温度、湿度的影响,而且由于气压和风都影响着湿球纱布上的水分蒸发。这里介绍利用中国气象局编写的《湿度查算表(甲种本)》来查算湿度的方法。湿球查算表是根据:气压 $p=1000$ hPa,风速 $V=0.8$ m/s(百叶箱内的平均风速),干球温度大于0℃,而湿球又未结冰的条件下制作的。因此观测时如果不符合上述条件就应进行湿球温度订正。

订正值正负号:由于通风干湿表风速大,其订正值均为正值,对于气压订正:① $p>$ 1000 hPa 时,由于蒸发速率小于 1000 hPa 的蒸发速率,所以湿球温度高,其订正值(Δt_w)应为负号;② $p<1000$ hPa 时,订正值为正值;③冰面订正值:由于冰面饱和水汽压小于水面,所以其订正值为负号。

(2)查算方法示例

• 已知 t、t_w 和 p,求 e、RH、t_d

例1. $t=-4.2$℃,$t_w=-5.6$℃,$p=1001.1$ hPa,求 e、RH、t_d。

若气压恰好为 1000 hPa(或气压的个位数经过四舍五入后为 1000 hPa)在《湿度查算表(甲种本)》表1 湿球结冰部分找出 $t=-4.2$℃一栏,在此栏中找到 $t_w=$ -5.6℃,与其并列的 $e=3.0$ hPa、$RH=67\%$、$t_d=-9.4$℃。

例 2. $t=-1.9℃$,$t_w=-5.9℃$, $p=1018.3$ hPa,求 e、RH、t_d。

当气压不是 1000 hPa,则必须对湿球温度进行订正,然后再查取空气湿度。在《湿度查算表(甲种本)》表 2,$t=-1.9℃$栏中,找到 $t_w=-5.9℃$时的 n 值($n=14$),用 n 值和 $p=1020$ hPa 在表 3 上查得 $\Delta t_w=-0.1℃$,对 t_w 进行订正,订正后得 $t_w=-5.9-0.1=-6.0℃$,再用 $t=-1.9℃$,$t_w=-6.0℃$,从表 2 查出 $e=1.2$ hPa、$RH=22\%$、$t_d=-20.8℃$。

• 已知 t、RH,反查 e、t_d

当干球温度 $t<-20℃$时,由《湿度查算表(甲种本)》表 4 用干球温度和湿敏电容测得或经订正的毛发湿度表读数 RH,查取水汽压 e 和露点温度 t_d。当干球温度 t 取 $-10℃>t>-20℃$时,可由《湿度查算表(甲种本)》表 1(湿球结冰部分)反查 e、t_d。如果表中有等于或者接近观测 RH 值,可直接利用接近值查取 e、t_d。如果观测值正好处于两值之间,则取这两个值所对应的 e、t_d 值的平均值。

4.3 作业

1. 已知:$t=29.4℃$,$t_w=23.8℃$,$p=100$ hPa。求:水汽压 e、相对湿度 RH、饱和差 d、饱和水汽压 E 各为多少?

2. 已知:$t=6.8℃$,$t_w=3.0℃$,$p=788$ hPa。求:水汽压 e、相对湿度 RH、饱和差 d、饱和水汽压 E 各为多少?

3. 已知:通风温湿表测得 $t=20.1℃$,$t_w=15.3℃$,$p=777$ hPa。求:水汽压 e、相对湿度 RH、饱和差 d、饱和水汽压 E 各为多少?

4. 用干湿球温度表和通风干湿表实测的 t 和 t_w,$p=890$ hPa。求:水汽压 e、相对湿度 RH、饱和差 d、饱和水汽压 E 各为多少?

实验 5　降水和蒸发

农业生产和作物生长离不开水,生物的各种生理生化作用也都是在水的参与下进行的,迄今为止在很多地方粮食、瓜果蔬菜的丰歉很大程度上取决于旱涝情况。绿色植物通过蒸发水分,完成必要的生理生化反应将光能转化成化学能。所以,农田中维持一定的蒸发也是必要的。

大气降水是农田乃至江河、湖泊、水库、地下水的主要水来源之一,所以了解和掌握大气降水和地面农田蒸发的测定方法十分必要。

5.1　实验目的

(1)了解观测降水与蒸发仪器的构造原理;

(2)掌握降水量与蒸发量的观测方法。

5.2　降水的观测

降水是指从天空降落到地面上的液态或固态的水。降水观测包括降水量和降水强度。

降水量是指从空气中降落到地面的雨水或雪、雹等固体降水融化后,未经流失蒸发和渗透而聚集在水平面上的水层深度。以 mm(毫米)为单位,保留一位小数。

降水强度是指单位时间的降水量,通常测定 5 min、10 min 和 1 h 内的最大降水量。

降水强度的划分如表 5-1 所示。

表 5-1　降水强度的划分

降雨等级		小雨	中雨	大雨	暴雨	大暴雨	特大暴雨
降雨强度	mm/24 h	<10	10.0~24.9	25.0~49.9	50.0~99.9	100.0~199.9	≥200.0
	mm/1 h	≤2.5	2.6~8.0	8.1~15.9	≥16.0		

常用测量降水的仪器有雨量器、虹吸式雨量计和翻斗式雨量计等。

5.2.1　雨量器

1. 构造

雨量器是观测降水量的仪器,它由雨量筒与量杯组成(图 5-1)。雨量筒用来承接降水,它包括承水器、贮水瓶和外筒。我国采用直径为 20 cm 正圆形承水器,其口缘镶有内直外斜刀刃形的铜圈,以防雨滴溅失和筒口变形。承水器有两种:一是带漏斗的承雨器,另一种为不带漏斗的承雪器。外筒内放贮水瓶,以收集降水。雨量杯为一特制的有刻度的专用量杯,其口径和刻度与雨量筒口径成一定比例关系,量杯有 100 分度,每 1 分度等于雨量筒内水深 0.1 mm。

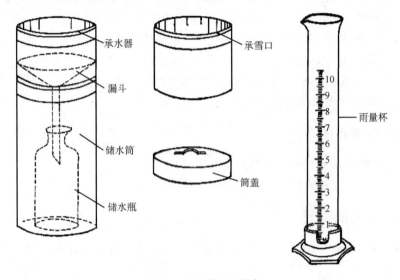

图 5-1　雨量器和雨量杯

降水量是以深度表示的,面积为 S(受雨口)的雨量筒,当降水量为 H 时则受水量为 $V=S\times H$,然而,直接测定 H 量是不易准确的,因此,就把这些水倒入到截面积为 g 的雨量杯内,这时杯内水的深度 h,那么 $S\times H=g\times h$

$$h=\frac{S}{g}\times H$$

当雨量筒接受 1 mm 降水量倒入雨量杯内,杯内水深应为 $\frac{S}{g}$ mm,也就是雨量杯上每毫米刻度的长度。

2. 安置

雨量筒应牢固地安置在观测场内,以不影响降水量的收集为原则,受水口要水平,口缘离地面 70 cm。冬季降雪时,取出储水瓶和漏斗,直接用外套筒接收降雪。

单纯测量降水的站点不宜选择在斜坡或建筑物顶部,应尽量选在避风地方。不要太靠近障碍物,最好将雨量仪器安在低矮灌木丛间的空旷地方。

3. 观测和记录

(1)每天 08 时、20 时分别量取前 12 h 降水量。观测液体降水时要换取储水瓶,将水倒入量杯,要倒净。将量杯保持垂直,使人的视线与水面齐平,以水凹面为准,读得刻度数即为降水量,记入相应栏内。降水量大时,应分数次量取,求其总和。

(2)冬季降雪时,须换上承雪口,取走承水器,直接用承雪口和外筒接收降雪。

观测时,将已有固体降水的外筒,用备份的外筒换下,盖上筒盖后,取回室内,待固体降水融化后,用量杯量取。也可将固体降水连同外筒用专用的台秤称量,称量后应把外筒的重量扣除。

(3)特殊情况处理

在炎热日照强的日子,为防止蒸发,降水停止后,要及时进行观测。

在降水较大时,应视降水情况增加人工观测次数,以免降水溢出储水瓶,造成记录失真。

无降水时,降水量栏空白不填。不足 0.05 mm 的降水量记 0.0。纯雾、露、霜、冰针、雾凇、吹雪的量按无降水处理(吹雪量必须量取,供计算蒸发量用)。出现雪暴时,应观测其降水量。

遇有固体降水,首先倒入一定量的温水待融化后立即量取,切不可放置炉上加热,以防蒸发。例如:某次降雪加入 1.5 mm 温水,雪化后量出水量为 2.0 mm,则降水量应为 $2.0-1.5=0.5$ mm。

4. 维护

(1)经常保持雨量器清洁,每次巡视仪器时,注意清除承水器、储水瓶内的昆虫、尘土、树叶等杂物。

(2)定期检查雨量器的高度、水平,发现不符合要求时应及时纠正;如外筒有漏水现象,应及时修理或撤换。

(3)承水器的刀刃口要保持正圆,避免碰撞变形。

5.2.2 雨量计

雨量计是用来测定降水连续变化的仪器,即可测出降水时间、降水总量,又可测定降水强度。

1. 虹吸式雨量计

(1)构造原理

虹吸式雨量计是用来连续记录液体降水的自记仪器,它由承水器(通常口径为 20 cm)、浮子室、自记钟和虹吸管等组成(图 5-2)。

有降水时,降水从承水器经漏斗进水管引入浮子室。浮子室是一个圆形容器,内装浮子,浮子上固定有直杆与自记笔连接。浮子室外连虹吸管。降水使浮子上升,带动自记笔在钟筒自记纸上划出记录曲线。当自记笔尖升到自记纸刻度的上端(一般为10 mm)浮子室内的水恰好上升到虹吸管顶端。由于虹吸现象,虹吸管开始迅速排水,使自记笔尖回到刻度"0"线,又重新开始记录。自记曲线的坡度可以表示降水强度。由于虹吸过程中落入雨量计的降水也随之一起排出,因此要求虹吸排水时间尽量快,以减少测量误差。

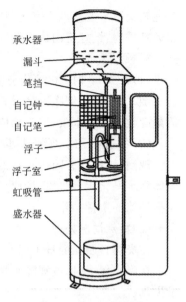

图 5-2　虹吸式雨量计

(2)安装与检查

虹吸式雨量计安置在观测场内的水平木桩底座上,高度以雨量计自身高度为准,保持受水口水平,并用三根绳拉紧以防倾斜。

内部机件的安装:先将浮子室安好,使进水管刚好在承水器漏斗的下端;再用螺钉将浮子室固定在座板上;将装好自记纸的钟筒套入钟轴;最后把虹吸管插入浮子室的侧管内,用连接螺帽固定。虹吸管下部放入盛水器中。

开始使用前必须按顺序进行调整检查:

①调整零点,往承水器里倒水,直到虹吸管排水为止。待排水完毕,自记笔若不是停在自记纸零线上,就要拧松笔杆固定螺钉,把笔尖调至零线再固定好。

②用 10 mm 清水,缓缓注入承水器,注意自记笔尖移动是否灵活;如摩擦太大,要检查浮子顶端的直杆能否自由移动,自记笔右端的导轮或导向卡口是否能顺着支柱自由滑动。

③继续将水注入承水器,检查虹吸管位置是否正确。一般可先将虹吸管位置调高些,待 10 mm 水加完,自记笔尖停留在自记纸 10 mm 刻度线时,拧松固定虹吸管的连接螺帽,将虹吸管轻轻往下插,直到虹吸作用恰好开始为止,再固定好连接螺帽。此后,重复注水和调节几次,务必使虹吸作用开始时自记笔尖指在 10 mm 处,排水完毕时笔尖指在零线上。

(3)观测方法

雨量自记纸在 20 时更换。更换后要作起止时间标记,换自记纸要使自记纸两端刻线对齐。如有歪斜就会使记录产生偏差。如无降水时,自记纸可连续使用 8～10 d,用加注 1 mm 水量的办法抬高笔位,以免每日迹线重叠。如有降水(自记迹线上升>0.1 mm)时,必须换纸。自记录开始和终止的一端须做时间记号,可轻抬固定在浮子上的直杆根部,使自记笔尖在自记纸上划一短垂线,若记录开始或终止时间有降水,则应用铅笔作时间记号。当自记纸上有降水记录,但换纸时无降水,则在换纸前应作人工虹吸,使笔尖回到自记纸的"0"位置,若换纸时有降水时,则不作人工虹吸。

（4）仪器的维护

仪器要保持清洁,不可使受水口变形。经常清洗虹吸管,清洗时安装虹吸管要小心,勿折损。在结冰前应把浮子筒内的水排尽,冻结期长的地区应将内部机件拆回室内保管,春季解冻后再安装使用。注意浮子杆和容器内的清洁,以减少摩擦,避免产生不正常的记录。

在雨季,每月应将盛水器内的自然排水进行1～2次测量,并将结果记在自记纸背面,以备使用资料时参考。如有较大误差且非自然虹吸所造成,则应设法找出原因,进行调整或修理。

2. 翻斗式遥测雨量计

（1）构造

自动记录降雨量及其历时变化的一种仪器。由感应器、记录器等组成。感应器包括:承雨器、上翻斗、计量翻斗和计数翻斗等(图 5-3a);记录器包括计数器、自记笔杆、自记钟和控制线路板等(图 5-3b)。

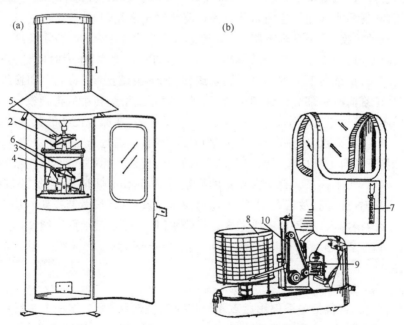

图 5-3　翻斗式遥测雨量计(a. 感应器;b. 记录器)
1. 承水器;2. 上翻斗;3. 计量翻斗;4. 计数翻斗;5,6. 定位螺钉;
7. 计数器;8. 自计钟;9. 控制线路板;10. 履带

(2)感应器工作过程

雨水由承雨器汇集,经漏斗进入上翻斗。当上翻斗承积的降水量为某一数值时,上翻斗倾倒,再经过汇集斗节流铜管流入计量翻斗。当计量翻斗承积的降水量为0.1 mm时,计量翻斗把降水倾倒入下翻斗,使下翻斗转一次,同时磁钢对干簧管扫描一次,干簧管因磁化而闭合一次。这样降水量每达到0.1 mm时,就送出一个闭合一次的开关信号。

(3)记录器工作过程

当感应器送来一个脉冲信号,电磁铁即吸动一次。棘爪推动棘轮前进,从而带动履带运动,履带则带动自记笔记录。在电磁铁吸动100次后,自记笔与履带脱开,自记笔由上下落,回到自记纸的"0"线,再重新开始记录,就能不断记录出阶梯式的自记记录线来。

(4)观测和记录整理

从计数器上读取降水量,供编发气象报告和服务使用,读数后按回零按钮,将计数器复位。复位后,计数器的五位0数必须在一条直线上。

自记记录供整理各时降水量及挑选极值用。

遇固态降水,凡随降随化的,仍照常读数和记录。否则,应将承水器口加盖,仪器停止使用(在观测簿备注栏注明),待有液体降水时再恢复记录。

自记纸的更换:①一日内有降水(自记迹线上升≥0.1 mm),必须换纸。换纸时有降水,在记录迹线终止和开始的一端均用铅笔划一短垂线,作为时间记号;换纸时无降水,在新自记纸换上前拧动笔位调整旋钮,把笔尖调至"0"线上。②换纸时遇强降雨,若自记纸尚有一部分可继续记录,则可等雨停或雨势转小后再换纸。如估计短时间内雨不会停也不会转小,则可拨开笔尖,转动钟筒,在原自记纸的开始端(此处须无降水记录,或有降水自记迹线不致重叠)对准时间,重新记录。待雨停或转小后,立即换纸。换下的自记纸应注明情况,分别在两天的迹线上标明日期,以免混淆。③一日内无降水时,可不换纸。每天在规定的换纸时间,先作时间记号,再拨开自记笔,旋转钟筒,重新对准时间;放回自记笔,拧动笔位调整旋钮(或按微调按钮),使自记笔上升约1 mm的格数,以免每日迹线重叠。无降水时,一张自记纸可连续使用8~10 d。

仅因有雾、露、霜量使自记迹线上升≥0.1 mm时,则不必换纸。但应在自记纸背面备注。

(5)调整与维护

调整:新仪器(包括冬季停用后重新使用或调换新翻斗)工作一个月后的第一次大雨,应作精度对比,即将自身排水量与计数、记录值相比。如发现差值超过±4%时,应首先检查记录器工作是否正常,计数与记录值是否相符,干簧管有无漏发或多发信号现象。如确是由于仪器的基点位置不正确所造成时,应作基点调整。

　　调整方法:旋动计量翻斗的两个定位螺钉。将一个定位螺钉旋动一圈,其差值改变量为 3% 左右;如两个定位螺钉都往外或往里旋动一圈,其差值改变量为 6% 左右。为使调节位置准确,在松开定位螺帽前,需在定位螺钉上作位置记号。调节好后,需拧紧定位螺帽。

　　每一次降水过程将计数值与自身排水总量比较,如多次发现 10 mm 以上降水量的差值超过 ±4%,则应及时进行检查。必要时应调节基点位置。

　　仪器每月至少定期检查一次,清除过滤网上的尘沙、小虫等以免堵塞管道,特别要注意保持节流管的畅通。无雨或少雨的季节,可将承水器口加盖,但注意在降水前及时打开。翻斗内壁禁止用手或其他物体抹试,以免沾上油污。

　　如用干电池供电,必须定期检查电压。如电压低于 10 V,应更换全部电池,以保证仪器正常工作。

　　结冰期长的地区,在初冰前将感应器的承水器口加盖,不必收回室内,并拔掉电源。

5.3　积雪深度和雪压的观测

　　雪深是从积雪表面到地面的垂直深度,以 cm(厘米)为单位,取整数;雪压是单位面积上的积雪重量,以 g/cm^2(克/平方厘米)为单位,取 1 位小数。

　　当观测场四周视野地面被雪(包括米雪、霰、冰粒)覆盖超过一半时要观测雪深;在规定的日子当雪深达到或超过 5 cm 时要观测雪压。

表 5-2　降雪等级的划分

降雪等级	小雪	中雪	大雪
强度(mm/h)	≤2.5	2.6~4.9	>5.0
水平能见度(m)	≥1000	500~1000	<500

　　1. 观测地段

　　雪深、雪压的观测地段,应选择在观测场附近平坦、开阔的地方。入冬前,应将选定的地段平整好,清除杂草,并做标志。

　　2. 雪深观测

　　测定雪深用量雪尺(图 5-4)或普通米尺。量雪尺是用光滑的木头制成,其宽为 4 cm,厚为 3 cm,长为 100 cm,它的下端有 5 cm 的铁尖,在尺的正面有厘米的分划,每 10 cm 有一长线并标有厘米的数字,雪尺的刻线是从下端的尖部算起;观测方法:凡达到积雪标准的日子,每天 8 时在观测地点将雪尺垂直插入雪中,插到地面为止,依据尺面所遮掩尺上的刻度线,读取雪深的厘米整数,小数四舍五入。使用普通米尺时,应注意尺的零点是否在尺端,每次观测作三次测量,记入观测薄的相应栏中,并求其平均值。三次观测的测量地点,彼此间相距要在 10 m 以上,并做标记,以免下次重复测量。积雪深度平均不足 0.5 cm 记"0";没有积雪时在栏内空白不填。若 08 时观测无积雪,后因降雪而形成雪深时则应在 10 时或 20 时补测一次,记入当日积雪深度栏内,并注明在备注栏内。若观测场四周无积雪,则应在就近有积雪处,选择有代表性的地点观测雪深。

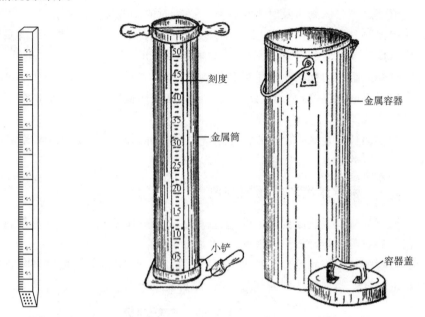

图 5-4　雪量尺　　　　　　　　　　　图 5-5 体积量雪器

3. 雪压观测

测定雪压用体积量雪器或称雪器(图 5-5)。

(1)体积量雪器

体积量雪器是测量雪压用的一种仪器。由一内截面积为 100 cm² 的金属筒、小铲、带盖的金属容器和量杯组成。

①观测和记录

每月 5 日、10 日、15 日、20 日、25 日和月末最后一天,若雪深已达到 5 cm 或以上时,在雪深观测(或补测)后,应在观测雪深的地点附近进行雪压观测。

如在规定的观测日期,雪深不足 5 cm(或无积雪),而在随后的其他日子里,雪深达 5 cm 或以上,以及前一天雪深观测后,因降雪使得雪深一日间又增加 5 cm 或以上时,须在该日雪深观测后,补测雪压。

观测雪压取三个样本,并取其平均值,作为该次雪压值。为避免下次在原地重复取样,应在取过样本的地点做出标记。

②雪压的测定和计算

观测前半小时,把量雪器拿到室外。取样前,应把量雪器清理干净。取样时,拿住把手,将量雪器垂直插入雪中,直到地面。然后拨开量雪器一边的雪,把小铲沿量雪器口插入,连同量雪器一起拿到容器上,再抽出小铲,使雪样落入容器内,加盖拿回室内。等雪融化后,用量杯测定其容量。

取样时,要注意清除样本中夹入的泥土、杂草。所取样本不应包括雪下地面上的水层和冰层,但应包括积雪上或积雪层中的冰层,有此情况时应在观测簿备注栏中注明。

当雪深超过取样的量雪器金属筒高度时,应分几次取样。在取上层雪样时,注意不要破坏下层雪样。

雪压计算公式为:

$$p = \frac{M}{100}$$

式中:p 为雪压(g/cm^2);M 为样本重量(g),分母 100 为量雪器内截面积(cm^2)。

③维护

每次观测后,必须将仪器擦净,并防止金属筒的刀刃口变形、变钝。

(2)称雪器

称雪器是由带盖的圆筒、秤和小铲等组成的一种测量雪压的仪器(图 5-6)。

①观测和记录

同体积量雪器。

②雪压的测定和计算

观测前半小时,把称雪器拿到室外。每次取样前应先清洁称雪器,检查秤的零点,把带盖的空圆筒挂在秤钩上,使秤锤上的刻线与秤杆上的零线吻合。这时秤杆应当水平,平衡标志是秤杆上的指针,应与提手正中缺口相合。如果秤的零点不准时,须移动秤锤位置,使它平衡,并把秤锤的新位置作为零点。

取样时,将圆筒(锯齿形的一端)向下垂直插入雪中,直到地面。然后拨开圆筒一边的雪,把小铲插到圆筒底沿下面,连同圆筒一起拿起,再将筒翻转,擦净粘在筒外的雪,把筒挂在秤钩上,移动秤锤,直到秤杆水平为止,读出秤锤准线对应于秤杆上的刻度数,取 1 位小数。

取样操作过程中的注意事项与体积量雪器同。

雪压计算公式:

$$p = \frac{M}{S} = \frac{50 \times m}{50} = m$$

式中:p 为雪压(g/cm^2);S 为称雪器圆筒内截面积(50 cm^2);m 为秤杆刻度数;M 为样本重量(g)。因秤杆上每一刻度单位(即 10 个小格)等于 50 g,故 M 值用秤杆刻度度数 m 乘 50 而得。

记录时,可将 m 值(秤杆刻度数)直接填入观测簿雪压栏,并求其 3 次平均值填入平均栏,样本重量栏空白不填。

③维护

观测后必须将仪器擦净,秤杆上的两个三棱刀要经常保持清洁,涂油防锈。注意维护锯齿圈,防止变形。

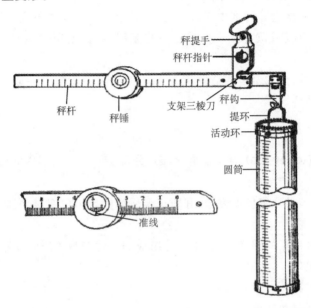

秤提手
秤杆指针
支架三棱刀   秤钩
提环
秤杆   秤锤
活动环
圆筒
准线

图 5-6　称雪器

5.4　蒸发的观测

蒸发量是指一定时段内,水分经蒸发而散布到空气中的量。台站测定的蒸发量是指一定口径的蒸发器中的水因蒸发而降低的深度,以 mm(毫米)为单位取一位小数。

5.4.1　小型蒸发器

1. 小型蒸发器的构造

小型蒸发器为口径 20 cm,高约 10 cm 的金属圆盆,口缘镶有角度为 $40°\sim45°$ 的内直外斜的刀刃形铜圈,器旁有一倒水小嘴到底面高度距离为 6.8 cm,俯角 $10°\sim15°$。为防止鸟兽饮水,器口附有一个上端向外张开成喇叭状的金属丝网圈,如图 5-7 所示。

图 5-7　小型蒸发器及蒸发罩

2. 安置

小型蒸发器安置于观测场内或露天空旷平坦的地方,使其终日受到太阳光照射,口缘要水平,离地面 70 cm 高。

3. 观测方法

每天 20 时进行观测,测量前一天 20 时注入的 20 mm 清水(即今日原量)经 24 小时蒸发剩余的水量,记入观测簿余量栏。然后倒掉余量,重新量取 20 mm(干燥地区和干燥季节须量取 30 mm)清水注入蒸发器内,并记入次日原量栏。

蒸发量计算如下:

$$蒸发量＝原量＋降水量－余量$$

测量蒸发量的杯即是降水所用的雨量杯。注意有降水时应去掉网罩;有强烈大暴雨时应注意,从器内取出一定的水量,防止水溢出,取出水量多少应计入备注栏。

因降水或其他原因,致使蒸发量为负值时,记 0.0。蒸发器中的水量全部蒸发完时,按加入的原量值记录,并加">",如>20.0 mm。

如在观测当时正遇降水,在取走蒸发器时,应同时取走专用雨量筒中储水瓶;放回蒸发器时,也同时放回储水瓶。量取的降水量,记入观测簿蒸发量栏中的"降水量"栏内。

如结冰期有风沙,在观测时,应先将冰面上积存的尘沙清扫出去,然后称重。称重后须用水再将冻着在冰面上的尘沙洗去,再补足 20 mm 水量。

4. 维护

每天观测后均应清洗蒸发器,并换用干净水。冬季结冰期间,可 10 d 换一次水。应定期检查蒸发器是否水平,有无漏水现象,并及时纠正。

5.4.2　E-601 型蒸发器

1. 构造

E-601 型蒸发器(图 5-8)主要由蒸发桶、水圈、溢流桶和测针四部分组成。

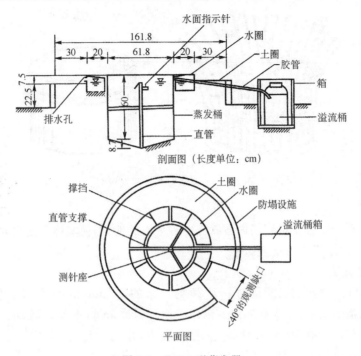

图 5-8　E-601 型蒸发器

（1）蒸发桶

蒸发桶是一个器口面积为 3000 cm^2、有圆锥底的圆柱形桶，器口要求正圆，口缘为内直外斜的刀刃形，桶底中心装有一根直管，在直管的中部有三根支撑与桶壁连接，以固定直管的位置并使之垂直。直管的上端装有测针座，座上装有器内水面指示针，用以指示蒸发桶中水面高度。在桶壁上开有溢流孔，孔的外侧装有溢流嘴，用胶管与溢流桶相连通，以承接因降水从蒸发桶内溢出的水量。桶身的外露部分和桶的内侧涂上白漆，以减少太阳辐射的影响。

（2）水圈

水圈是装置在蒸发桶外围的环套，用以减少太阳辐射及溅水对蒸发的影响，它由四个相同的、其周边稍小于四分之一的圆周的弧形水槽组成。水槽用较厚的白铁皮制成，宽 20 cm，内外壁高度分别为 13.0 cm 和 15.0 cm。每个水槽的外壁上开有排水孔，孔口下缘离水槽底高度为 13.0 cm。为防止水槽变形，在内外壁之间的上缘设有撑挡。每个水槽均应按蒸发桶的同样要求涂上白漆。水圈内的水面应与蒸发桶内的水面接近。

（3）溢流桶

溢流桶是用金属或其他不吸水的材料制成。它用来承接因暴雨从蒸发桶溢出的水量。用量尺直接观测桶内水深的溢流桶,应做成桶口面积为 3000 cm² 的圆柱桶;不用量尺观测的,所用的溢流桶的形式不拘,其大小以能容得下溢出的水量为原则。放置溢流桶的箱要求耐久、干燥和有盖。须注意防止降落在胶管上的雨水顺着胶管流入溢流桶内。不出现暴雨的地方,可以不设置溢流桶。

(4)测针

测针是用于测量蒸发器内水面高度。使用时将测针的插杆插在蒸发桶中的测针座上,插杆下部的圆盘与座口相接。测针所对方向,全站应统一。插杆上面用金属支架把测杆平行地固定在插杆旁侧。测杆上附有游标尺,可使读数精确到 0.1 mm。测杆下端有一针尖,用摩擦轮升降测杆,可使针尖上下移动,对准水面。针尖的外围水面上套一杯形静水器,器底有孔,使水内外相通。静水器用固定螺丝与插杆相连,可以上下调整其位置,恰使静水器底没入水中。

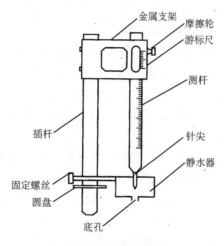

图 5-9　测针示意图

2. 安置

E-601 型蒸发器,安置在观测场内靠近小型蒸发器的地方。安置时,力求少动原土。蒸发桶放入坑内,必须使器口水平。桶外壁与坑壁间的空隙,应用原土填回捣实。水圈与蒸发桶必须密合。水圈与地面之间,应取与坑中土壤相接近的土料来填筑土圈,其高度应低于蒸发桶口缘约 7.5 cm。在土圈外围,还应有防塌设施,可用预制弧形混凝土块拼成,或沿土圈外围打入短木板桩等。各部分具体安装尺寸,如图 5-8 所示。

3. 观测和记录

每日 20 时进行观测。观测时先调整测针针尖与水面恰好相接,然后从游标尺上读出水面高度。读数方法:通过游尺零线所对标尺的刻度,即可读出整数;再从游尺刻度线上找出一根与标尺上某一刻度线相吻合的刻度线,游尺上这根刻度线的数字,就是小数读数。

如果由于调整过度,使针尖伸入到水面之下,此时必须将针尖退出水面,重新调好后始能读数。

蒸发量＝前一日水面高度＋降水量(以雨量器观测值为准)－测量时水面高度

观测后应即调整蒸发桶内的水面高度,水面如低或高于水面指示针尖 1 cm 时,则需加或吸水,使水面恰与针尖齐平。每次加水或吸水后,均应用测针测量器中水面高度值,记录在观测簿次日的蒸发"原量"栏,作为次日观测器内水面高度的起算点。如因降水,蒸发器内有水流入溢流桶时,应测出其量(使用量尺或 3000 cm² 口面积的专用量杯;如使用其他量杯或台秤,则须换算成相当于 3000 cm² 口面积的量值),并从蒸发量中减去此值。

遇测针损坏又无备件时,可用量杯量入或量出一定水量,使水面与指示针尖齐平,再根据量入或量出的水量换算成蒸发量。

为使计算蒸发量准确和方便起见,在多雨地区的气象站或多雨季节应增设一个蒸发专用的雨量器。该雨量器只在蒸发量观测的同时进行观测。

有强降水时,通常采取如下措施对 E-601 型蒸发器进行观测:

(1)降大到暴雨前,先从蒸发器中取出一定水量,以免降水时溢流桶溢出,计算日蒸发量时将这部分水量扣除掉。

(2)预计可能降大到暴雨时,将蒸发桶和专用雨量筒同时盖住(这时蒸发量按"0.0"计算),待雨停或转小后,把蒸发桶和专用雨量筒的盖同时打开,继续进行观测。

冬季结冰期很短或偶尔结冰的地区,结冰时可停止观测,各该日蒸发量栏记"B"。

待某日结冰融化后,测出停测以来的蒸发总量,记在该日蒸发量栏内。冬季结冰期较长的地区,整个结冰期停止观测,应将器内的水清除干净,以免冻坏蒸发器。

4. 维护

(1)蒸发用水的要求:应尽可能用代表当地自然水体(江、河、湖)的水。在取自然水有困难的地区,也可使用饮用水(井水、自来水)。器内的水要保持清洁,水面无漂浮物,水中无小虫及悬浮污物,无青苔,水色无显著改变,如不合此要求时,应及时换水。蒸发器换水时,换入水的温度应与原有水的温度相接近。要经常清除掉入器内的蛙、虫、杂物。

(2)蒸发器及其附属用具均应妥善使用。

(3)每年在汛期前后(在长期稳定封冻的地区,则在开始使用前和停止使用后),应各检查一次蒸发器的渗漏情况和防锈层或白漆是否有脱落现象;如果发现问题,应进行添补或重新涂刷。

（4）应定期检查蒸发器的安置情况，如发现高度不准、不水平等，要及时予以纠正。

5.5　作业

1. 如果降求量为 5 mm，则 1 hm^2 的田地上降水量为多少 m^3 ？

2. 某日降雪，注入 15.4 mm 的温热水，测得水量为 29.4 mm，求降雪量为多少？

3. 某日 20 时，注入蒸发器内 20 mm 的清水，次日 20 时量得降水量为 27.7 mm，蒸发器内余量为 32.2 mm，求出这一日蒸发量为多少？

4. 用清水倒入雨量杯内练习读数。

实验 6　风

6.1　实验目的

(1)掌握和了解测风仪器的构造原理和观测方法;
(2)学会对风的资料的整理和分析。

6.2　实验内容

风是空气质点的水平运动。风不但有大小,而且有方向,所以风的观测包括观测风向和风速两个部分。

风向是指风的来向,最多风向是指在规定时间段内出现频数最多的风向。人工观测,风向用十六方位法(图 6-1);自动观测,风向以度(°)为单位。

风速是指单位时间内空气移动的水平距离,风速以 m/s(米/秒)为单位,取 1 位小数。最大风速是指在某个时段内出现的最大 10 min 平均风速值。极大风速(阵

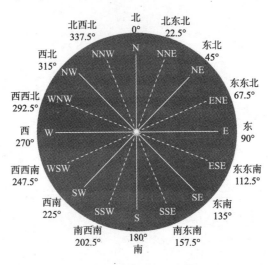

图 6-1　风向十六方位图

风)是指某个时段内出现的最大瞬时风速值。瞬时风速是指 3 s 的平均风速。

风的平均量是指在规定时间段的平均值,分别有 3 s、2 min 和 10 min 的平均值。

人工观测时,测量平均风速和最多风向。配有自记仪器的要做风向风速的连续记录并进行整理。

自动观测时,测量平均风速、平均风向、最大风速、极大风速。

下面介绍几种常用测风仪器的造构和观测使用方法。

6.2.1　电接风向风速计

电接风向风速计是目前台站普遍使用的有线遥测仪器,是一种既可观测平均风向风速,又可观测瞬时风向风速并能自动记录的仪器。

1. 构造

电接式风向风速计由感应器、指示器和记录器三部分组成。感应器安装在室外,指示器和记录器安装在室内,它们之间用一根 12 芯 100 m 电缆连接,指示器和记录器之间用一根 20 芯短电缆连接。

(1)感应器

感应器的外形及各部分名称见图 6-2。

感应器又可分为风速表和风向标两部分,风速表安装在风向标上面,用螺钉固定。风向标的底座上有一个防水插入座,通过 12 芯电缆与室内的指示器和记录器相通。

①风速表

风速表的内部结构见图 6-3,由风速电接部分和发电机两部分组成。

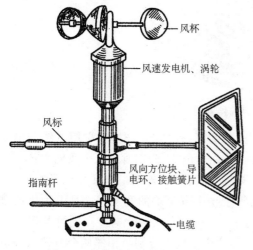

图 6-2　电接风向风速计感应器

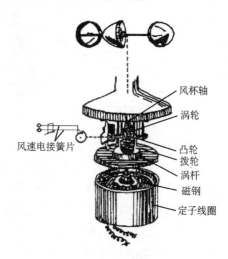

图 6-3　风速表

风速电接部分:当风杯转动时,带动涡轮,并通过拨轮推动凸轮一起转动。风速电接簧片的一端在凸轮表面滑动,风杯转过 80 圈后,其中一个簧片先从凸轮上最高点跌下来,与另一簧片接触,紧接着另一簧片也从最高点落下,于是两个簧片断开,完成一次电接,代表风程 200 m,风速愈大,风杯转得愈快,单位时间内电接的次数也就愈多。由于每次过 200 m 风程(风杯转过 80 圈),接点就接触一次,记录器风速笔尖就在自记纸风速坐标上向上(或向下)移动 1/3 格(接触三次移动一格代表风速 1 m/s),根据笔尖 10 min 内在自记纸上移动的格数就可以求出当时的平均风速。

风速表发电机部分:风杯轴同时还带动磁钢在锭子线圈中转动,线圈上就产生交流电动势,其数值基本上与风速成正比。风速愈大,磁钢转动越快,锭子线圈两端产生的交流电压也就愈高,电流越大,根据这个道理就可用电流表间接测出风速的大小。

②风向标

风向标的顶部有一个特殊螺帽,风速表就固定在这个螺帽上,旋下螺帽,把风标座拔出来就能看到风向接触器内部的结构,如图 6-4 所示。

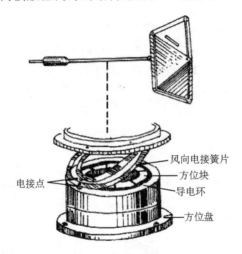

风向电接簧片
方位块
导电环
方位盘
电接点

图 6-4　风向接触器

固定在底座防水罩内的方位盘上有内、外两环,外环为导电环,它用电缆与电源负极相接,内环分成 8 块,各块之间互相绝缘,称方位块,分别对应八个风向方位。风向电接簧片随风向标转动而转动,簧片上有三个电接点,外面一点在导电环上滑动,靠里两点在方位块上滑动,此两点的距离等于半个方位块的宽度。这是因为风向规定以 16 个方位记录,而风向接触器上只有 8 个方位块,当两个电接点同时与风向对应的一个方块接触时,可指示出 8 个方位,当两个电接点分别与相邻两个方位块接触时,又可指示 8 个方位,共 16 个方位。当风向标指示某一个方位时,通过簧片上的接点使对应的方位块接通电源的正极。

（2）指示器（图 6-5）

指示器由电源、瞬时风向指示盘、瞬时风速指示盘等组成。其中，瞬时风速指示部分包括一个小型交流发电机和一个直流电表（为风速刻度），在直流电表上面刻有 0～20 m/s 和 0～40 m/s 两行刻度，用以观测瞬时风速。瞬时风向指示器上有八个小灯泡，分别与八个方位块用电缆连接。当板键开关合上时，电源正极通过板键开关与各个小灯泡的公共端接通，根据风向标所在的位置，有一个或相邻两个小灯泡经过感应器的方位块接通负极。所以这个或相邻的两个灯泡就点亮了，指示出相应的风向。

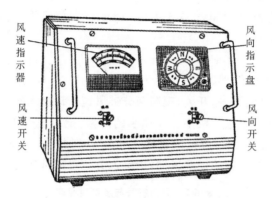

图 6-5　EL 型风向风速计指示器

（3）记录器（图 6-6）

由风速记录、风向记录、笔挡、自记钟、电路接线板等五部分组成。

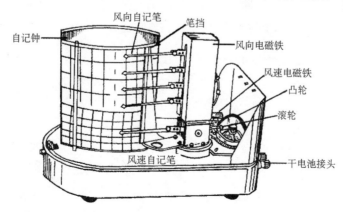

图 6-6　EL 型风向风速计记录器

2. 安装

(1)安装前应进行运转试验,如运转正常,方可进行安装。

(2)感应器应安装在牢固的高杆或塔架上,并附设避雷装置。风速感应器(风杯中心)距地高度 10～12 m;若安装在平台上,风速感应器(风杯中心)距平台面(平台有围墙者,为距围墙顶)6～8 m,且距地面高度不得低于 10 m。

(3)感应器中轴应垂直,方位指南杆指向正南。为检查校正方位,应在高杆或塔架正南方向的地面上,固定一个小木桩作标志。

(4)指示器、记录器应平稳地安放在值班室内桌面上,用电缆与感应器相连接;电缆不能架空,必须走电缆沟(管)。

(5)电源使用交流电(220V)或干电池(12V)。若使用干电池,应注意正负极不能接错。

3. 观测和记录

(1)指示器的观测

打开指示器的风向、风速开关,观测两分钟风速指针摆动的平均位置,读取整数,小数位补零,记入观测簿相应栏中。风速小的时候,把风速开关拨在"20"档,读 0～20 m/s 标尺刻度;风速大时,应把风速开关拨在"40"档,读 0～40 m/s 标尺刻度。观测风向指示灯,读取两分钟的最多风向,用十六方位对应符号记录(表 6-1)。

表 6-1　风向符号与度数对照表

方位	符号	中心角度(°)	角度范围(°)
北	N	0	348.76～11.25
北东北	NNE	22.5	11.26～33.75
东北	NE	45	33.76～56.25
东东北	ENE	67.5	56.26～78.75
东	E	90	78.76～101.25
东东南	ESE	112.5	101.26～123.75
东南	SE	135	123.76～146.25
南东南	SSE	157.5	146.26～168.75
南	S	180	168.76～191.25
南西南	SSW	202.5	191.26～213.75
西南	SW	225	213.76～236.25
西西南	WSW	247.5	236.26～258.75
西	W	270	258.76～281.25
西西北	WNW	295.5	281.26～303.75
西北	NW	315	303.76～326.25
北西北	NNW	337.5	326.26～348.75
静风	C		风速小于或等于 0.2 m/s

静风时,风速记 0.0,风向记 C;平均风速超过 40.0 m/s,则记为＞40.0 m/s,作日合计、日平均时,按 40.0 m/s 统计。

因电接风向风速计故障,或因冻结现象严重而不能正常工作时,可用轻便风向风速表进行观测,并在备注栏注明。

(2)自记纸的更换与整理

自记纸的更换方法步骤基本同温度自记计。不同点是:

①笔尖在自记纸上作时间记号是采用下压风速自记笔杆的方法;

②换纸后不必用逆时针法对时;

对准时间后必须将钟筒上的压紧螺帽拧紧。

自记纸的整理:

①时间差订正

以实际时间为准,根据换下自记纸上的时间记号,求出自记钟在 24 h 内的计时误差,按变差分配到每个小时,再用铅笔在自记迹线上作出各正点的时间记号。

当自记钟在 24 小时内的计时误差≤20 min 时,不必进行时间差订正。但要尽量找出造成误差的原因,并加以消除。

②各时风速

计算正点前 10 min 内的风速,按迹线通过自记纸上平分格线的格数(1 格相当于 1.0 m/s)计算。风速划平线时记 0.0,同时风向记"C"。

因风速记录机械失调而造成风速笔尖跳动 1 次就上升或下降一格,或跳动 3 次上升或下降两格等现象时,应根据风速笔尖在 10 min 内跳动的实际次数(不是格数)来计算风速。如:某正点前 10 min 内风速笔尖跳动 4 次,但通过的水平分格线是四格,则该时风速应是 1.3,而不能计算为 4.0。

③求各时风向

从各正点前 10 min 内的 5 次风向记录中挑取出现次数最多的。如最多风向有两个出现次数相同,应舍去最左面的 1 次划线,而在其余 4 次划线中来挑取;若仍有两个风向相同,再舍去左面的 1 次划线,按右面的 3 次划线来挑取。如 5 次划线均为不同方向,则以最右面的 1 次划线的方向作为该时记录。

正点前 10 min 内,风向记录中断或不正常(如风向笔尖漏跳),如属下列情况,可视为对正点记录无影响:

a. 风向漏跳两次,在未漏跳的 3 次划线中,方向是相同的;风向漏跳 1 次,其余的 4 次或其中 3 次划线为同一方向的;

b. 风向漏跳 1 次,在其余的 4 次划线中,前面的 2 次方向不同,后面的 2 次为同一方向的;或者剩余 4 次划线中,第三次、第四次为同一方向,其余为不同方向的;

c. 部分风笔尖迹线虽有中断,但从实有的 5 次划线中挑取的最多风向为 NNE、

ENE、ESE、SSE、SSW、WSW、WNW、NNW 之一的;

d. 风向记录有中断、连跳等情况发生时,但从实有记录中,参照上述方法可以判定对正点记录无影响的。

④日最大风速

从每日(20 时—翌日 20 时)风速记录中迹线较陡的几处线段上,分别截取 10 min 线段的风速进行比较,选出最大值作为该日 10 min 最大风速,并挑取相应的风向,注明该时段的终止时间。

当日最大风速出现两次或以上相同时,可任挑其中 1 次的风向和终止时间。

6.2.2 三杯轻便风向风速表

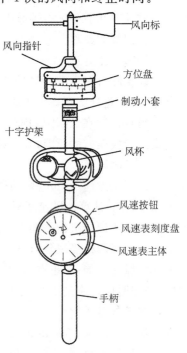

图 6-7　三杯轻便风向风速表

三杯轻便风向风速表,是测量风向和 1 min 平均风速的仪器,适用于农田或野外流动观测。

1. 构造

由风向部分(包括风向标、方位盘和制动小套)、风速部分(包括十字护架、风杯、风速表主体)和手柄三部分组成(图 6-7)。

当压下风速按钮,启动风速表后,风杯随风转动,带动风速表主体内的齿轮组,指针即在刻度盘上指示出风速。同时,时间控制系统也开始工作,待一分钟后自动停止计时,风速指针也停止转动。

指示风向的方位盘,系一磁罗盘,当制动小套管打开后,罗盘按地磁子午线的方向稳定下来,风向标随风摆动,其指针即指出当时风向。

2. 观测和记录

(1)观测时应将仪器带至空旷处,由观测者手持仪器,高出头部并保持垂直,风速表刻度盘与当时风向平行;然后,将方位盘的制动小套向右转一角度,使方位盘按地磁子午线的方向稳定下来,注视风向标约 2 min,记录其最多风向。

(2)在观测风向时,待风杯转动约半分钟后,按下风速按钮,启动仪器,又待指针自动停转后,读出风速示值(m/s);将此值从该仪器订正曲线上查出实际风速,取 1 位小数。

(3)观测完毕,将方位盘制动小套向左转一角度,固定好方位盘。

3. 维护

(1)保持仪器清洁、干燥。若仪器被雨、雪打湿,使用后须用软布擦拭干净。

(2)仪器应避免碰撞和震动。非观测时间,仪器要放在盒内,切勿用手摸风杯。

(3)平时不要随便按风速按钮,计时机构在运转过程中亦不得再按该按钮。

(4)轴承和螺帽不得随意松动。

(5)仪器使用 120 h 后,须重新检定。

6.2.3　热球微风仪

1. 构造原理

利用电热金属丝受风冷却而影响电阻变化的原理制成。一般可测定小到几厘米/秒的风速,如图 6-8 所示。

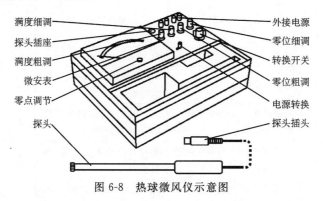

图 6-8　热球微风仪示意图

2. 使用方法及注意事项

使用时,将测杆插头插在插座内,测杆探头(即感应器)先密闭于测杆内,进行"满度调节",此时拨动开关置于"满度"位置,调节满度粗调和细调,使电表指示满度。然后,进行"零位调节",将拨动开关置于"零位调节",使电流表指示"0"位。

经上述步骤后,即可进行风速测定,将测杆探头拉出,使测杆探头上的红点面对风向,读出电流表指针指示的数值。测定后,将测杆探头恢复原位。

注意事项:

(1)热球微风仪用于测定微风,对于较大风速由于灵敏度降低误差较大。

(2)应将探头(热球)安置在与气流来向相垂直的方向。

(3)测定的风速要进行密度订正,因为散热的快慢是与通风量有关的。当观测时空气密度 ρ 与测定时的 ρ_o 相差大时,应对读得的风速 V_r 进行订正,其订正公式

$$V = V_r \frac{\rho_o}{\rho}$$

3. 仪器的维护

本仪器为精密仪器,使用时避免使探头与仪器受到强烈的震动与撞击。感应球不能长期暴露在空气中,并防止任何碰触。应保持仪器清洁。避免在强电磁场环境

中使用。长期不用,应将电池取出,以免电池漏液,损坏机件。

6.2.4　风力等级

除了用仪器测定风速外,通常用目测的方法即根据风对地面上物体引起的现象将风的大小分成 13 个等级,叫风力等级。以 0～12 级等级数字来记载(表 6-2)。作为观测风力标准的地上物体,应在空气不受任何障碍物影响的地方,每次观测应多选几个标准物,连续观测两分钟,记录应以这段时间里的平均状况为准。

表 6-2　风力等级表

风力等级	海面状况 浪高		海岸地面物征象	陆地地面物征象	相当于平地 10 m 高处的风速	
	一般(m)	最高(m)			m/s	km/h
0	—	—	静	静,烟直上	0～0.2	<1
1	0.1	0.1	渔船略觉摇动	烟能显示风向,但风向标不能转动	0.3～1.5	1～5
2	0.3	0.3	渔船张帆时,每小时可随风移动 2～3 km	人面感觉有风,树叶有微响,风向标能转动	1.6～3.3	6～11
3	0.6	1.0	渔船渐感簸动,每小时可随风移动 5～6 km	树叶及微枝摇动不息,旗展开	3.4～5.4	12～19
4	1.0	1.5	渔船满帆时,可使船身倾于一方	能吹起地面灰尘和纸张,树的小枝摇动	5.5～7.9	20～28
5	2.0	2.5	渔船缩帆(即收去帆之一部)	有叶小枝摇动,内陆的水面有小波	8.0～10.7	29～38
6	3.0	4.0	渔船加倍缩帆,捕鱼需注意风险	大树枝摇动,电线呼呼有声,举伞困难	10.8～13.8	39～49
7	4.0	5.5	渔船停于港中,海中船下锚	全树枝摇动,大树枝弯下来,迎风步行感觉不便	13.9～17.1	50～61
8	5.5	7.5	进港的渔船皆停留不出	可折毁树枝,人向前行感觉阻力甚大	17.2～20.7	62～74
9	7.0	10.0	汽船航行困难	烟囱及平房屋顶受到损坏,小屋遭受破坏	20.8～24.4	75～88
10	9.0	12.5	汽船航行危险	陆上少见,见时可使树木拔起或将建筑物摧毁	24.5～28.4	89～102
11	11.5	16.0	汽船遇之极危险	陆上少见,有则要有重大损毁	28.5～32.6	103～117
12	14.9	—	海浪滔天	陆上绝少,其摧毁力极大	>32.6	>117

6.3　作业

1. 用现有测风仪器任选一地方,测其值。
2. 简述三杯风向风速表的使用方法。
3. 根据下表的风向风速资料绘制风向风速玫瑰图。

风向	4 月		5 月		11 月	
	风向频率(%)	平均风速(m/s)	风向频率(%)	平均风速(m/s)	风向频率(%)	平均风速(m/s)
N	6	4.1	5	3.7	4	3.9
NNE	3	3.0	5	3.7	3	3.2
NE	3	2.7	4	3.5	3	2.6
ENE	2	2.7	4	3.4	2	2.8
E	3	3.5	6	4.0	2	2.9
ESE	5	3.9	6	4.2	1	2.2
SE	3	2.7	4	3.0	2	3.5
SSE	5	3.7	4	3.0	5	4.1
S	10	4.4	7	4.4	11	4.4
SSW	10	6.9	8	6.4	12	4.8
SW	10	7.1	10	7.2	10	4.4
WSW	7	5.3	9	6.2	10	3.9
WSW	10	4.4	8	5.0	11	3.5
WNW	7	4.0	6	4.5	7	3.4
NW	6	4.5	6	5.0	8	4.4
NNW	8	4.3	7	5.7	5	4.4
C	1	0.2	1	0.1	1	0.0

实验 7　气　压

7.1　实验目的

(1)了解常用测压仪器的基本构造及原理;
(2)掌握常用测压仪器的测定方法;
(3)学会使用《气象常用表》来求算本站气压和海平面气压。

7.2　实验内容

气压是指地面单位面积上所承受的大气压力。气压以 hPa(百帕)为单位,读数记录保留一位小数。也曾用过 mb(毫巴)和 mmHg(毫米水银柱高)等非法定计量单位。它们的换算关系如下:

$$1 \text{ hPa} = 1 \text{ mb}$$

$$1 \text{ hPa} \approx \frac{3}{4} \text{mmHg}$$

标准大气压是指在 0℃条件下,在纬度 45°的海平面上,所受到的大气压。一个标准大气压为 1013.2 hPa。

测定大气压的仪器主要有液体气压表(包括动槽式和定槽式水银气压表)、气压计和空盒气压表。可根据实际观测需要来选择不同的观测仪器。

7.2.1　水银气压表

水银气压表是用一根一端封闭的玻璃管装满水银,开口一端插入水银槽中,管中水银柱受重力作用而下降,当作用在水银槽水银面上的大气压强与玻璃管内水银柱作用在水银面上的压强相平衡时,水银柱就稳定在某一高度上,这个高度就表示出当时的气压。

用水银制作气压表具有下列优点:水银的密度大,与大气压相平衡时的水银柱高度较短,便于制作、观测和携带;在常温下水银的蒸气压很小,易于提纯且其性能比较稳定,又不沾湿玻璃,在管中水银面呈突起的弯月面,因此制成的仪器性能稳定,精度较高且易于观测读数。

常用的水银气压表有动槽式(福丁式)和定槽式(寇乌式)两种。

1. 动槽式水银气压表

(1)构造(图 7-1)

动槽式水银气压表由内管、外套管和水银槽三部分组成。在水银槽的上部有一根象牙针,针尖位置即为刻度尺的零点,每次观测前都要先调节水银槽内水银面的高度,使其符合零点的位置。

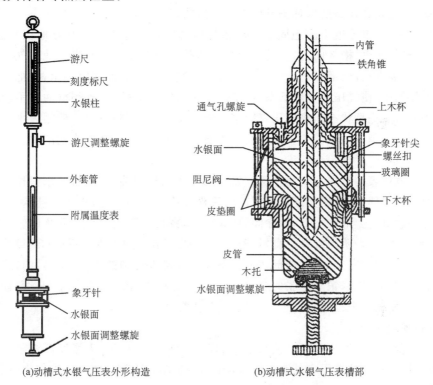

游尺
刻度标尺
水银柱
游尺调整螺旋
外套管
附属温度表
象牙针
水银面
水银面调整螺旋

内管
铁角锥
通气孔螺旋
上木杯
水银面
象牙针尖
螺丝扣
玻璃圈
阻尼阀
皮垫圈
下木杯
皮管
木托
水银面调整螺旋

(a)动槽式水银气压表外形构造　　　　(b)动槽式水银气压表槽部

图 7-1 动槽式气压表外形及槽部的剖面图

内管是一直径约 8 mm,长约 900 mm 的玻璃管,顶端封闭,底端开口,开口处内径呈锥形,经过专门的方法洗涤干净并抽成真空后,灌满纯净的水银,内管装在气压表的外套管中,开口的一端插在水银槽里。

外套管用黄铜制成,起保护与固定内管的作用,在其上部刻有 mm(毫米)和 mb(毫巴)的标志,上半部前后都开有长方形窗孔,用来观测内管水银柱的高度,调整螺丝能使游尺上下移动,标尺和游尺分别用来测定气压的整数和小数,套管的下部装有一支附属温度表,其球部在内管与套管之间,用来测定水银及铜套管的温度。

水银槽分上下两部分,中间有一个玻璃圈用以观测槽内水银面。槽的上部为由软羊皮制成的皮囊,其特点是能通气而不漏水银。皮囊的一头固定扎在玻璃内管上,另一头扎在上木杯上,木杯上有指示刻度零点的象牙针。槽的下部有一个下皮囊,扎在下木杯的下部,下皮囊的外面有铜套管,在铜套管底盘中央有一用以调节水银面的调节螺丝,螺丝的顶端有一小木杯托住下皮囊以免皮囊磨坏。

（2）安装

气压表应安置在室内气温变化小、阳光充足又无太阳直射的地方。室内不得安置热源如暖气或炉灶等,也不得安置在门窗旁边。应垂直悬挂在墙壁或柱子上,不要受震动,气压表悬挂高度以观测员便于读数为准。

安装前,应将挂板牢固地固定在准备悬挂气压表的地方。再小心地从木盒（皮套）中取出气压表,槽部向上,稍稍拧紧槽底调整螺旋约 1～2 圈,慢慢地将气压表倒转过来,使表直立,槽部在下。然后先将槽的下端插入挂板的固定环里,再把表顶悬环套入挂钩中,使气压表自然下垂后,慢慢旋紧固定环上的三个螺丝（注意不能改变气压表的自然垂直状态）,将气压表固定。最后旋转槽底调整螺旋,使槽内水银面下降到象牙针尖稍下的位置为止。安装后要稳定 4 个小时,方能观测使用。

（3）移运

移运气压表的步骤与安装相反。先旋动槽底调整螺旋,使内管中水银柱恰达外套管窗孔的顶部为止,切勿旋转过度。然后松开固定环的螺丝,将表从挂钩上取下,两手分持表身的上部和下部,徐徐倾斜 45°左右,就可以听到水银与管顶的轻击声音（如声音清脆,则表明内管真空良好；若声音混浊,则表明内管真空不良）,继续缓慢地倒转气压表,使之完全倒立,槽部在上。将气压表装入特制的木盒（皮套）内,旋松调整螺旋 1～2 圈（使水银有膨胀的余地）。在运输过程中,始终要按木盒（皮套）箭头所示的方向,使气压表槽部在上进行移运,并防止震动。

（4）观测和记录

①观测附属温度表（简称"附温表"）,读数精确到 0.1℃。当温度低于附温表最低刻度时,应在紧贴气压表外套管壁旁,另挂一支有更低刻度的温度表作为附温表,进行读数。

②调整水银槽内水银面,使之与象牙针尖恰恰相接。调整时,旋动槽底调整螺旋,使槽内水银面自下而上地升高,动作要轻而慢,直到象牙针尖与水银面恰好相接（水银面上既无小涡,也无空隙）为止。如果出现了小涡,则须重新进行调整,直至达到要求为止。

③调整游尺与读数。先使游尺稍高于水银柱顶,并使视线与游尺环的前后下缘在同一水平线上,再慢慢下降游尺,直到游尺环的前后下缘与水银柱凸面顶点刚刚相切。先在标尺上读取整数,后在游尺上读取小数,以 mm（毫米）或 hPa（百帕）为单位,精确到 0.1,记入气压读数栏内。

④读数复验后,降下水银面。旋转槽底调整螺旋,使水银面离开象牙针尖约 2~3 mm。

观测时如光线不足,可用手电筒或加遮光罩的电灯(15~40 W)照明。采光时,灯光要从气压表侧后方照亮气压表挂板上的白瓷板,而不能直接照在水银柱顶或象牙针上,以免影响调整的正确性。

(5)维护

①应经常保持气压表的清洁。

②动槽式水银气压表槽内水银面产生氧化物时应及时清除。对有过滤板装置的气压表,可以慢慢旋松槽底调整螺旋,使水银面缓缓下降到"过滤板"之下(动作要轻缓,使水银面刚好流入板下为止,切忌再向下降,以免内管逸入空气),然后再逐渐旋紧槽底调整螺旋,使水银面升高至象牙针附近。用此方法重复几次,直到水银面洁净为止。无"过滤板"装置的气压表,若水银面严重氧化时,应报请上级业务主管部门处理。

③气压表必须垂直悬挂,应定期用铅垂线在相互成直角的两个位置上检查校正。

④气压表水银柱凸面突然变平并不再恢复,或其示值显著不正常时,应报请上级业务主管部门处理。

2. 定槽式(寇乌式)水银气压表

(1)构造

定槽式水银气压表的构造与动槽式水银气压表大体相同,也分为内管、外套管、水银槽三个部分(图 7-2)。所不同的是刻度尺零点位置不固定,槽部无水银面调整装置。因此采用补偿标尺刻度的办法,以解决零点位置的变动。

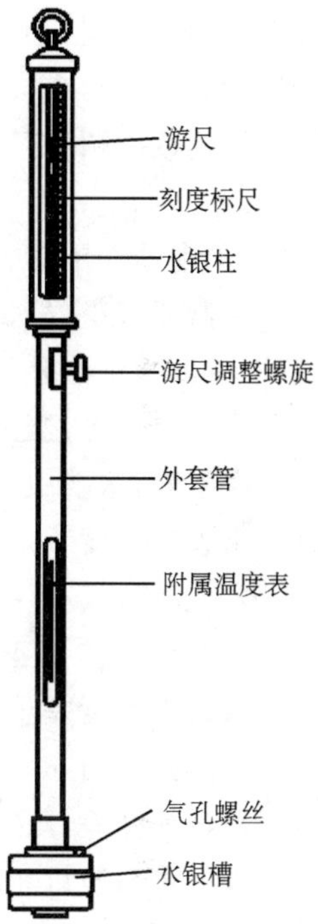

游尺
刻度标尺
水银柱
游尺调整螺旋
外套管
附属温度表
气孔螺丝
水银槽

图 7-2　定槽式水银气压表

(2)安装

安装要求同动槽式水银气压表。安装步骤也基本相同。不同点是当气压表倒转挂好后,要拧松水银槽部上的气孔螺丝,表身应处在自然垂直状态,槽部不必固定。

(3)移运

先将气孔螺丝拧紧,从挂钩上取下气压表,将气压表绕自身轴线缓缓旋转,同时徐徐倒转使槽部在上,装入木盒(皮套)内。运输过程中的要求同动槽式水银气压表。

(4)观测和记录

①观测附温表。

②用手指轻击表身(轻击部位以刻度标尺下部与附温表上部之间为宜)。

③调整游尺与读数记录。

（5）维护

定槽式水银气压表的水银是定量的，所以要特别防止漏失水银。其余同动槽式水银气压表维护中的①、③、④条。

3. 水银气压表读数的订正

水银气压表的读数，只表示观测时所得的水银柱高度。一方面由于气压表的构造技术条件的限制，会产生一些仪器误差；另一方面气压表并不总是在标准条件下使用，即使气压相同，也会因温度和重力加速度的不同，水银柱高度不一样。因此水银气压表的读数须顺序经过仪器差、温度差、纬度重力差和高度重力差四项订正才是本站气压。

（1）求本站气压的方法步骤

①仪器差订正：根据气压表的读数值，从该仪器所附的鉴定证上查取仪器差订正值，读取数值与仪器差订正值的代数和即为订正后的读数。

②温度差订正：当外界气压不变，而温度发生变化时，由于水银柱与黄铜标尺的胀缩程度不同，这就引起示度的改变。这种纯系温度变化而引起的气压改变值，成为水银气压表的温度差。温度高于 0℃ 订正值为负，反之为正，可用《气象常用表》（第二号）第一表，直接利用经仪器差订正后的气压值及附温，查取温度差订正值。

③纬度重力差订正：由于纬度不在 45° 的地方与纬度 45° 处所受的重力不同，而引起的水银表示度差值，成为纬度重力差。当纬度 $\varphi > 45°$ 时，订正值为正；当 $\varphi < 45°$ 时，订正值为负；当 $\varphi = 45°$ 时，订正值为 0。可通过《气象常用表》（第三号）第一表，直接利用经过纬度差订正后的气压值和台站纬度查取纬度重力差订正值。

④高度重力差订正：由于气压表所在地的海拔高度不在海平面上，与在海平面处所受重力不同，而引起水银柱高度差值，称为高度重力差。在海平面以上，订正值为负；在海平面以下，订正值为正，可以《气象常用表》（第三号）第二表直接查取。

（2）本站海平面气压的求算

本站气压只表示台站海拔高度上，大气柱的压强。因海拔高度不同，各站之间的本站气压是无法比较的。为了比较各地气压的高低，便于分析气压场，必须把各地的本站气压统一订正到海平面上，这种订正成为海平面气压订正。

海平面气压订正的具体查算步骤如下：

①求出当地气柱平均温度 t_m：

$$t_m = \frac{t + t_{12}}{2} + \frac{h}{400}$$

式中：t 和 t_{12} 分别为观测时和观测前 12 小时的气温；h 为当地海拔高度。

②用 t_m 与 h 查《气象常用表》（第三号）第四表，用内插法求 M 值（内插法具体做

法见例题）。

③求算气压高度差 Δp：

$$\Delta p = \frac{p_h M}{1000}$$

式中：p_h 为订正后的本站气压值。

④求本站的海平面气压值 p_0：

$$p_0 = p_h + \Delta p$$

⑤对于海拔高度低于 15 m 的测站：

$$\Delta p = 34.68 \frac{h}{t + 273}$$

式中：t 为台站年平均气温。

⑥1500 m 高度以上台站不进行海平面气压订正。

例：某测站纬度 45°45′，气压表距海平面为 150 m（海拔高度），水银气压表仪器差＋0.01 mmHg，现在温度 16.0℃，12 小时前气温为 6.0℃，气压读数 743.00 mmHg，试求出本站气压及其海平面气压订正值。

本站气压求算步骤：

①器差订正，743.00＋0.01＝743.01 mmHg。

②温度订正，743.01－1.94＝741.07 mmHg。

查表方法是：从横行查取气压值，表上气压数值是每隔 2 mm（或 10 hPa）一行，查时采用靠近法，若气压正好在两个气压之中间应取气压偏大的一行的温度差。再从第一纵行找出附温的整数，由附温与气压相交处查出温度差订正值。若附温有小数，则从表的下部查出相应的小数订正值，加在整数的订正值上。

由《气象常用表》（第二号）第一表（16 页）查温度 16.0℃ 与气压读数 744 mmHg 的纵行横行相交的温度订正值为 1.94，因附温高于 0℃，故订正值应为 －1.94 mmHg。

③高度重力差订正，741.07－0.02＝741.05 mmHg。

用《气象常用表》（第三号）第二表（15 页）查高度 150 m 与气压 740 mmHg 的纵、横行，则高度重力订正值为 0.02，因高于海平面，故为－0.02。

④纬度重力差订正，由《气象常用表》（第三号）第一表（12 页）查纬度 45°30′ 与 46°00′，和气压 740 mmHg 的纵、横行，通过内插得到订正值为 0.05，因纬度大于 45°，故为＋0.05 mmHg。

⑤从而得出本站气压为：741.05＋0.05＝741.10（mmHg）

求本站海平面气压值步骤：

①求气柱的平均温度：将 $t=16.0℃$，$t_{12}=6.0℃$，$h=150$ m，代入

$$t_m = \frac{t + t_{12}}{2} + \frac{h}{400}$$

得：$t_m = \dfrac{t + t_{12}}{2} + \dfrac{h}{400} = \dfrac{16.0 + 6.0}{2} + \dfrac{150}{400} \approx 11.4(℃)$

②用内插法求 M 值。以 t_m 与 h 查《气象常用表》(第三号)第四表。

$h = 150 \text{ m}, t_m = 10℃, M = 18.27; t_m = 12℃, M = 18.14$

$2 : 0.13 = 0.6 : x$ (这是内差法的计算方法：因 $t_m = 11.4℃$，则查取其上下温度 10℃ 和 12℃ 时的 M 值，这两个温度对应的 M 值相差 0.13，因 $t_m = 11.4℃$ 与 12℃ 相差 0.6℃，根据比例关系可求出 M 值)。

$x \approx 0.04$

当 $h = 150 \text{ m}, t_m = 11.4℃$ 时，$M = 18.14 + 0.04 = 18.18$

③气压高度差订正值：

$$\Delta p = \frac{p_h M}{1000} = \frac{741.10 \times 18.18}{1000} \approx 13.47(\text{mmHg})$$

④本站海平面气压为：

$$p_0 = p_h + \Delta p = 741.10 + 13.47 = 754.57(\text{mmHg})$$

把 mmHg 换算为法定计量单位 hPa：$754.57 \times 1.3333 = 1006.1(\text{hPa})$

7.2.2　气压计

气压计是自动、连续记录气压变化的仪器。

1. 构造

气压计由感应部分(金属弹性膜盒组)、传递放大部分(两组杠杆)和自记部分(自记钟、笔、纸)组成(图 7-3)。由于准确度所限，其记录必须与水银气压表测得的本站气压值比较，进行差值订正方可使用。

2. 安装

气压计应稳固地安放在水银气压表附近的台架上，仪器底座要求水平，距地高度以便于观测为宜。

3. 观测和记录

每日 02 时、08 时、14 时、20 时 4 次(一般站 08 时、14 时、20 时 3 次)定时观测时，在水银气压表观测完后，便读气压计，将读数记入观测簿相应栏中，并作时间记号。做时间记号的方法是：轻轻地按动一下仪器右壁外侧的计时按钮，使自记笔尖在自记纸上划一短垂线(无计时按钮的仪器须掀开仪器盒盖，轻抬自记笔杆使其作一记号)。

4. 更换自记纸

日转仪器每天换纸，周转仪器每周换纸一次。换纸步骤如下：

(1)做记录终止的记号(方法同定时观测做时间记号)。

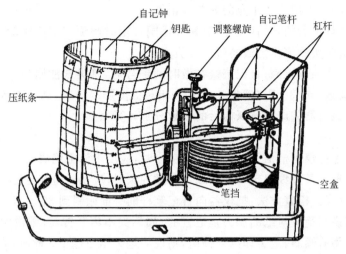

图 7-3　气压计

(2)掀开盒盖,拨开笔挡,取下自记钟筒(也可不取下),在自记迹线终端上角记下记录终止时间。

(3)松开压纸条,取下自记纸,上好钟机发条(视自记钟的具体情况每周两次或五天一次,切忌上得过紧),换上填写好站名、日期的新纸。上纸时,要求自记纸卷紧在钟筒上,两端的刻度线要对齐,底边紧靠钟筒突出的下缘,并注意勿使压纸条挡住有效记录的起止时间线。

(4)在自记迹线开始记录一端的上角,写上记录开始时间,按反时针方向旋转自记钟筒(以消除大小齿轮间的空隙),使笔尖对准记录开始的时间,拨回笔挡并作一时间记号。

(5)盖好仪器的盒盖。

5. 自记记录的订正

(1)在换下的自记纸上,将定时观测的实测值和自记读数分别填在相应的时间线上。气压(温度、相对湿度相同)自记记录以时间记号作为正点。

(2)日最高、最低值的挑选和订正

①从自记迹线中找出一日(20—20 时)中最高(最低)处,标一箭头,读出自记数值并进行订正。订正方法:根据自记迹线最高(最低)点两边相邻的定时观测记录所计算的仪器差,用内插法求出各正点的器差值,然后取该最高(最低)点靠近的那个正点的器差值进行订正(如恰在两正点中间,则用后一正点的器差值),即得该日最高(最低)值。

　　在基准站极值应采用邻近正点（24次定时）的实测值进行器差订正，当极值出现在两正点中间时，采用后一正点的器差订正值。

　　②按上述订正后的最高（最低）值如果比同日定时观测实测值还低（高）时，则直接挑选该次定时实测值作为最高（最低）值。

　　③仪器因摩擦等原因，自记迹线在做时间记号后，笔尖未能回到原来位置，当记号前后两处读数≥0.3 hPa（温度≥0.3℃，相对湿度≥3%）时，称为跳跃式变化。在订正极值时，该时器差应按跳跃前后的读数分别计算。

　　6. 维护

　　(1)经常保持仪器清洁。感应部分有灰尘时，应用干洁毛笔清扫。

　　(2)当发现记录迹线出现"间断"或"阶梯"现象时，应及时检查自记笔尖对自记纸的压力是否适当。检查方法：把仪器向自记笔杆的一面倾斜到30°～40°，如笔尖稍稍离开钟筒，则说明笔尖对纸的压力是适宜的；如笔尖不离开钟筒，则说明笔尖对纸的压力过大；若稍有倾斜，笔尖即离开钟筒，则说明笔尖压力过小。此时，应调节笔杆根部的螺丝或改变笔杆架子的倾斜度进行调整，直到适合为止。如经上述调整仍不能纠正时，则应清洗、调整各个轴承和连接部分。

　　(3)注意自记值同实测值的比较，系统误差超过1.5 hPa时，应调整仪器笔位。如果自记纸上标定的坐标示值不恰当，应按本站出现的气压范围适当修改坐标示值。

　　(4)笔尖须及时添加墨水，但不要过满，以免墨水溢出。如果笔尖出水不顺畅或划线粗涩，应用光滑坚韧的薄纸疏通笔缝；疏通无效，应更换笔尖。新笔尖应先用酒精擦拭除油，再上墨水。更换笔尖时应注意自记笔杆（包括笔尖）的长度必须与原来的等长。

　　(5)周转型自记钟一周快慢超过半小时，日转型自记钟一天快慢超过10 min，应调整自记钟的快慢针。自记钟使用到一定期限（一年左右），应清洗加油。

　　7. 自记纸的整理保存

　　(1)每月应将气压自记纸（其他仪器的自记纸同），按日序排列，装订成册（一律装订在左端），外加封面。

　　(2)在封面上写明气象站名称、地点、记录项目和记录起止的年、月、日、时。

　　(3)每年按月序排列，用纸包扎并注明气象站名称、地点、记录项目及起止年、月、日。

　　(4)妥为保管，勿使潮湿、虫蛀、污损。

7.2.3　空盒气压表

　　空盒气压表是利用空盒弹力与大气压力相平衡的原理制成的。空盒气压表的精度比水银气压表低，订正值不稳定，所以台站上只作为参考仪器。由于它具有便于携带，使用方便,维护容易等优点,因此在各项工作中已被广泛使用,特别适于野外观测使用。

1. 构造

分为感应部分、传递放大部分及读数部分,如图 7-4 所示。

感应部分是一个大型(一组)有弹性的金属空盒。盒内近似真空,它的两面都有圆形波纹,用以增大空盒的弹性。空盒组的一端与传递放大部分连接,另一端固定在金属板上。

传递放大部分的作用为:当气压变化膜片与气压重新建立平衡时,其位移是很小的,必须予以放大,放大时通过连接杆、拉杆以及和指针轴连接的链条和游丝等来实现的。经过这套装置进行两次放大后,可以使空盒的受压形变在指针上放大 800 倍以上,从而使指针的变化明显。

读数部分由指针、刻度盘和附温表组成。

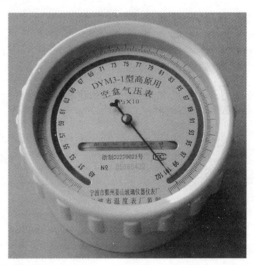

图 7-4　空盒气压表构造示意图

2. 观测方法

打开盒盖后,先读附温,精确到 $0.1℃$。然后轻敲盒面(克服机械摩擦)。待指针静止后再读数。读数时视线垂直于刻度盘,读取指针尖端所指示的位置,精确到 $0.1\ mm$。读数后应进行复读,并盖好盒盖。

3. 空盒气压表的读数订正

(1)刻度订正:刻度误差是由于仪器制造或装配不够精确导致的,其值可从仪器检定证中查出。

(2)温度订正:温度误差是由于温度的变化,引起的空盒弹性发生改变造成的。温度订正值可用下式求得:

$$p = \Delta p \cdot t$$

式中:p 是温度订正后的气压值;Δp 是温度变化 1℃时的气压订正值;t 是附温表上读取的温度值。

(3)补充订正:此订正是由于空盒气压表的残余变形所引起的误差。此数值可从检定证上查出。空盒气压表须定期(每隔 3~6 个月)与标准水银气压表进行比较后,求出其补充订正值。

空盒气压表经过上述三项订正后,才是准确的本站气压值。

4. 空盒气压表的维护

(1)仪器使用时必须水平放置,防止倾斜造成读数的误差。

(2)仪器需要放在空气流通、没有腐蚀气体的室内。

(3)必须定时检定仪器,补充订正值使用不可超过 6 个月。

7.3　作业

1. 什么是气压? 常用的测压方法有哪些?

2. 水银气压表的测压原理是什么?

3. 动槽式水银气压表和定槽式水银气压表的构造主要有什么不同?

4. 水银气压表为什么要进行读数订正? 试说明各项订正的物理意义。

5. 试述空盒气压表和气压计的构造原理。

6. 某站纬度 45°30′,海拔 220 m,仪器差 −0.02 hPa。现在的温度 19.5℃,气压读数 951.05 hPa,求该站的海平面气压值(观测前 12 小时气温:$t_{12}=10.0℃$)。

实验 8　云与天气现象观测

云是天气变化的主要特征之一。不同地区、不同季节、不同天气状况,云出现的高度、颜色、形状以及消退情况各不相同。识别不同云族、云属的云形及其发展变化对制作局部地区短期天气预报的订正和补充是非常有意义的。另外,短期天气形势变化,直接影响到田间作业、农田管理及放牧等工作,轻者打乱计划,重者将造成不同程度的灾害。如事先能预测到这种天气变化情况,就可以采取措施,安排好室内外生产活动,化被动为主动。

8.1　实验目的

(1)识别三族十属的标准云状;
(2)区别可降水与不可降水的云;
(3)雹云的主要特征;
(4)哪些云具有显著天气变化的预兆。

8.2　云的概念

云是由大气中水汽凝结(凝华)而形成的微小水滴、过冷水滴、冰晶、雪晶单一或混合组成的,它们是形状各异地飘浮在天空中的可见混合体。云是在不同天气系统演变过程之中形成的,因而云又是预示未来天气的征兆。云不是单一的物质,它是由空气、液态或固态的云滴、凝结核及其他杂质等组成的混合物。而且必须聚集到一定浓度才能看得出来,在云的生成期间,组成它的水滴是极小的,直径一般在 $0.005\sim0.05$ mm,和雾滴一样,实质上雾就是云的另一种形式,只是产生在近地面而已,因此雾又被称为近地面的云。

云是多种多样的,不论从高度、颜色、形状等都各不相同。这是大气物理变化过程中不同的物理条件综合作用的结果。因此,云的生成、外形特征、云量的多少、云的分布状况及其演变,不仅反映了当时大气运动稳定程度和水汽状况,而且也是预示未来天气变化的重要特征之一。人们在长期的生活实践中积累了丰富的观云测天气的经验。早在三千多年前,我国殷墟甲骨文中就有云和天气的记载。在我国广大农村地区,很早以前就有根据云的演变过程来认识天气变化规律,从而积累了许多天气谚语,这些天气谚语至今广泛流传各地,只要我们加以分析、整理就可以作为预报天气的参考。

8.2.1　云的形成条件

大气中过饱和水汽和凝结核的存在是形成云的必要条件。在大气中使水汽达到饱和状态有两种方式:即,冷却与水分补充。冷却包括绝热膨胀冷却、乱流热交换冷却和长波辐射冷却。水分补充包括本地水分蒸发和外来湿空气流入。

而水分流出和增热是云消失的原因。

8.2.2　云的高度

云是发生在对流层中,它的高度上限可达对流层顶,下限接近地面。

低纬度云高可达 17~18 km;中纬度云高可达 10~12 km;高纬度云高可达 8~9 km。

8.2.3　云的观测内容

云的观测只凭借人的眼睛来进行目测。其内容包括判定云状、估计云量、测定云高、云向等。

云的观测可在观测场或附近高处进行,观测地点要开阔,能尽量看到全部天空及地平线。

8.3　云状及其分类

为了便于学习,初步掌握云状,首先我们可以按照云的外形概括地分为三类:①卷类:纤细、洁白、有着柔丝般光泽,呈一丝一缕,有时亦呈小团。②积类:在某一高度上成水平扩展,起伏不平,呈波状、球状或是成堆成团向上发展的云。③层类:云层分布均匀,连续成片,多呈幕状。

8.3.1　按云的形态及成团特点进行分类

1. 无限对流云:这一类云包括积云、积雨云。这类云垂直对流发展旺盛,能达到较高的高度,且无固定的限制。

2. 有限对流云:这一类云包括层积云、高积云和卷积云。这类云对流所达高度常受到稳定层或逆温层的限制。因此,所形成云的顶部就限制于同一高度上。

3. 层状云:这一类云包括层云、雨层云、高层云、卷层云。这类云云内没有自由对流或伸展的垂直运动。因此,层状云多延展成连续均匀的幕状。

8.3.2　云的一般分类

云的宏观特征千姿百态,形成的物理过程略有差异,但都有其共同的特点。气象

工作者依据其共性,并结合观测和天气预报的需要,按云的底部距地面的高度将云分
为低、中、高三族,然后按云的宏观特征、物理结构和成因划分十属二十九类云状,详
见表 8-1。

表 8-1　云的分类

云族	低云					中云		高云		
云底平均高度	2500 m 以下					2500～5000 m		5000 m 以上		
云属 中文名称	积云	积雨云	层积云	层云	雨层云	高层云	高积云	卷云	卷层云	卷积云
云属 国际简写	Cu	Cb	Sc	St	Ns	As	Ac	Ci	Cs	Cc

1. 低云

低云包括积云、积雨云、层积云、层云、雨层云五属。

低云多由微小水滴组成,厚的或垂直发展旺盛的低云的下部由微小水滴组成而
中、上部是由微小水滴、过冷水滴和冰晶混合组成。低云的云底距地面高度较低,一
般低于 2500 m,它是随季节、天气条件和不同经纬度而变化。

多数低云都有可能产生降水,雨层云多出现连续性降水,积雨云多产生阵性降
水,有时降水量很大。

(1)积云(Cu)

轮廓分明、顶部凸起、云底平坦,云块之间多为不相连的直展云。它是由低层空
气对流作用使水汽凝结或在冬季凝华而形成的云。

淡积云(Cu hum)　积云处在发展初期,云体底部较平,北方淡积云轮廓清晰,个
体不大,顶部呈圆弧形凸起,云体水平宽度大于垂直厚度,薄的云块呈白色,厚的云块
中部有淡影。南方淡积云由于水汽较多,轮廓不如北方淡积云清晰。淡积云单体分
散或成群分布在空中,晴天多见。淡积云是由直径 5～30 μm 的小水滴组成,而北方
和青藏高原地区冬季的淡积云是由过冷水滴或冰晶组成的,有时会降零星雨雪。

碎积云(Fc)　它是由 1～15 μm 的小水滴组成。云体很小,比较零散分布在天
空,形状多变,为白色碎块,多为破碎了或初生的积云。

浓积云(Cu cong)　浓积云云体高大,轮廓清晰,底部较平,比较阴暗,很像高塔,
垂直发展旺盛,垂直厚度超过水平宽度、顶部呈圆弧形重叠,很像花椰菜。浓积云是
由大小不同尺度的水滴组成,小水滴直径出现在 5～50 μm;大水滴多出现在 100～
200 μm。当云发展旺盛时,云中上升气流可达 10～20 m/s,当云顶温度在 −10℃ 以
下,会出现过冷水滴、冻滴、霰和冰晶。每当浓积云发展非常旺盛时,云的顶部会出现
头巾似的一条白云,叫幞状云。浓积云是由淡积云发展或合并发展而成,当它发展到
旺盛阶段时,一般不会出现降水,但也有时降小阵雨。如果清晨有浓积云发展,显示
出大气层结不稳定,会出现雷阵雨天气。

（2）积雨云（Cb）

积雨云是由浓积云演变而成，云体浓厚庞大垂直发展旺盛，很像耸立的高山，顶部已冰晶化，呈白色、毛丝般的纤维结构，云顶随的发展逐渐展平成砧状。积雨云的底部显得十分阴暗，常有雨幡下垂或伴有碎雨云。

积雨云下部是由水滴、过冷水滴组成，中上部由过冷水滴、冻滴、冰晶和雪晶组成，当发展最旺盛阶段还有不同尺度的霰粒和冰雹。积雨云中有强烈上升、下沉气流区，较大的上升气流速度可达 $20\sim25$ m/s，正常气流度可达 10 m/s。积雨云底部经常出现起伏不平呈滚轴状或悬球状的云底。

积雨云在对流云发展到极盛阶段，常产生较强的阵性降水，并伴有大风、雷电等现象，有时还出现强的降雹（叫冰雹云），有时有龙卷风产生。

秃积雨云（Cb calv）　秃积雨云是浓积云向鬃积雨云发展过渡阶段。云的顶部已开始冰晶化，呈圆弧形重叠，轮廓模糊，已出现少量白色茸毛状云丝，但尚未扩展开来。

鬃积雨云（Cb cap）　它是积雨云发展的成熟阶段，云顶有白色毛丝般的纤维结构，并已扩展成为马鬃状或成为铁砧状积雨云，云的底部阴暗而混乱。

（3）层积云（Sc）

云体大小、厚薄不匀，形状有较大差异，有条状、片状或团状，呈灰白色和暗灰色，薄的层积云可看到太阳所在的位置，厚的层积云比较阴暗。层积云在天空分布不同，有的成行或呈波状排列，有的排列很不规则。

层积云的厚度在 $100\sim2000$ m，由直径 $5\sim40$ μm 水滴组成。在冬季和高原地区的层积云由过冷水滴、冰晶和雪晶组成。

层积云在一般天气条件下是由大气中出现波状运动和乱流混合作用使水汽凝结而形成的。有时是由局地辐射冷却而形成。层积云云底较低，当云层发展较厚时常出现短时降雨，冬季降雪。

透光层积云（Sc tra）　云体较薄，呈灰白色，排列比较整齐，透光层积云边缘比较明亮。云体之间有明显的缝隙，可分辨出日月位置，如果层积云上边还有云层也能看到。

蔽光层积云（Sc op）　蔽光层积云的云块或条状比较密集，云块较厚，呈暗灰色，无缝隙，云底有明显波状起伏，布满天空，有时会产生降水。

积云性层积云（Sc cug）　云体是扁平的长条形，灰白色或暗灰色，顶部具有积云特征。它是由衰退的积云或积雨云扩展、平衍而形成的；有时是由傍晚地面散热，空气抬升直接影响而形成的。积云性层积云的出现，显示出对流减弱趋向稳定，有时会降零星小雨。

堡状层积云（Sc cast）　云体呈细长条状，底部较平，顶部凸起一个或几个云堡，但高度不同,有继续发展的趋势,云体视角宽度大于 5°。从远处观测好像城堡或长条形锯齿。堡状层积云是局部地区有较强的上升气流突破稳定气层之后,又继续发展而形成的。如果当地水汽条件较好,垂直气流继续增强,有利于积雨云发展,预示着当地将有雷阵雨天气。

荚状层积云(Sc lent)　云体多为中间较厚、边缘较薄,在地形影响气流形成驻波的作用下而成豆荚、梭子形的云状、个体分明,分布在天空的云体视角宽度为 5°～30°。

(4)层云(St)

云层比较均匀呈幕状,灰白色,好似浓雾,云底较低,但不接地,经常笼罩山体和高层建筑。

层云是由直径 5～30 μm 的水滴或过冷水滴组成。层云厚度一般在 400～500 m。

层云是在大气稳定的条件下,因夜间强辐射冷却或乱流混合作用,水汽凝结或由雾抬升而成。层云常在太阳升起之后气温逐渐升高,稳定层被破坏,层云也逐渐消散。层云也有时降毛毛雨,冬季降小雪。

碎层云(Fs)　它是层云逐渐消散过程中的碎云或辐射雾抬升而形成碎层云,形状多变,呈灰色或灰白色,当碎层云出现时将是晴天。

(5)雨层云(Ns)

雨层云云底很低,云层很厚,一般厚度为 4000～5000 m,能遮蔽日、月,呈暗灰色,云底经常出现碎雨云。雨层云覆盖范围很大,常布满天空。

云层的中下部由水滴和过冷水滴组成。北方和高原地区的雨层云中部由过冷水滴、冰晶和雪晶组成。

雨层云常出现在暖锋云系中,也有时出现在其他天气系统中,它是由潮湿空气系统滑升,绝热冷却而形成的。雨层云常出现连续性降雨。北方雨层云易出现冬季降雪,而高原地区雨层云易出现夏季降雪。农谚"天上灰布悬,雨丝定连绵"是指雨层云降水。

碎雨云(Fn)　云底很低,通常只有 50～400 m,云体零散破碎,形状多变,移动较快,呈灰色或暗灰色,经常出现在雨层云、积雨云或较厚的高层云云底下边,它是由雨滴蒸发或雪晶升华、空气中湿度增大、并在乱流作用下水汽凝结而形成的。

2. 中云

中云是由微小水滴、过冷水滴或者冰晶、雪晶混合而组成。中云的云底高度一般在 2500～5000 m。高层云在夏季多出现降雨,而在冬季多出现降雪。高积云较薄时不会出现降水,但在高原地区薄的高积云会出现雨(雪)幡。

(1)高层云(As)

高层云是灰色或灰白色的云幕。云层较厚,多在 1500～3500 m,云底部常出现条纹结构，一般高层云可部分或全部布满天空。

高层云多由直径 5～20 μm 的水滴、过冷水滴和冰晶、雪晶（柱状、六角形、片状等）混合组成。

透光高层云（As tra）　云层较薄，厚度均匀，但云层顶部起伏不平。云层呈灰白色，透过云层可观测到比较模糊的日月轮廓，好似隔了一层毛玻璃。

蔽光高层云（As op）　云层较厚，但比较均匀，顶部不平，云底呈灰色或深灰色，底部可观测到明暗相间的条纹结构，由于云层很厚，在地面观测不到太阳和月亮。

（2）高积云（Ac）

高积云的云体较小，个体分明，云的厚薄、形状不相同，薄的云体呈白色，可观测到日月轮廓，厚的云体呈暗灰色，日月轮廓看不清楚。

高积云的形状多呈扁圆形、瓦块状、鱼鳞片或波状的密集云条。在天空分布常密集成行或波状排列，云块的视角宽度为 1°～5°。

高积云是由微小水滴或过冷水滴与冰晶混合组成。每当日、月透过薄的高积云时、常常观测到由于高积云中的微小水滴或冰晶对光的衍射而形成内蓝外红的光环，又称为华。

高积云是在高空逆温层下面，冷空气处于饱和条件下而形成的。云体不厚，比较稳定，很少变化，预示晴天，农谚"瓦块云，晒煞人"，"天上鲤鱼斑，晒谷不用翻"，即指这种高积云出现后将是晴天。如果高积云的厚度继续增厚，并逐渐融合成层，即将显示天气将有变化，甚至会出现降水。

透光高积云（Ac tra）　云体较薄，呈白色，在天空中整齐地排列，云体之间有缝隙，可见蓝天，有时云体之间如无缝隙，边缘也比较明亮，透过云体边缘，可分辨出日、月位置。

蔽光高积云（Ac op）　云体较厚，呈暗灰色，云体已融合成层，日月部分不能辨认，有时会出现微量降水。

荚状高积云（Ac lent）　云体中间厚边缘薄，云体中间呈暗灰色，边缘呈白色，轮廓分明，一般呈豆荚状或椭圆形，孤立分散在天空。每当荚状云遮挡日月光线时，即出现美丽的虹彩。

荚状高积云是测站附近山地影响气流形成的驻波作用下而生成，多出现在晴朗有风的天气。

积云性高积云（Ac cug）　云块有大有小，呈灰白色，中间稍厚，顶部略有拱起的特征。它是由衰退的积云或积雨云扩展演变而生成的。这种云的出现，预示着天气逐渐趋于稳定。

絮状高积云（Ac flo）　云块大小不一，带有积状云外形的高积云团，云团下部比较破碎，很像破碎的棉絮团，分散在天空，高度也不相同，呈灰白色或灰色，可出现雪幡。

絮状高积云是高空潮湿气层很不稳定、有强乱流混合作用而形成的。有的地区出现这种云,预示将有雷雨天气。农谚有"朝有破絮云,午后雷雨临"的说法。

堡状高积云(Ac cast) 高积云呈水平条状分布在高空,顶部有多处向上凸起很像城堡,也有的像锯齿的形状。这种云出现预示着将有不稳定的雷阵雨天气,农谚有"城堡云淋死人"的说法。

3. 高云

高云是由微小的冰晶组成。云底高度一般在 5000 m 以上,而高原地区较低。高云出现降水较少,冬季北方的卷层云、密卷云有时也会降雪,偶尔也能观测到雪幡。

(1)卷云(Ci)

卷云是由冰晶组成,常呈白色,远在天边时呈淡黄色,日出日落时常呈黄色或黄红色,夜间是黑灰色。

卷云有毛丝般的光泽,常见有丝条状、片状、羽毛状、钩状、团状、砧状等。

毛卷云(Ci fil) 云片较薄,颜色洁白,毛丝般纤维结构很清晰,受高空风的影响,云丝分散,形状多样,很像乱丝、羽毛、马尾等,日月透过毛卷云地物阴影比较明显。

毛卷云在天空中出现时,预示当地将是晴天,农谚有"游丝天外飞,久晴便可期"。如果毛卷云演变中厚度增加,云量也增多时,逐渐发展成卷层云,则预示天气将有变化。

密卷云(Ci dens) 云体中部较厚,边缘薄的部分呈白色,毛丝般结构仍较明显。云丝密集,聚合成片,云量逐渐增多时,透过密卷云可观测到不完整的晕。密卷云的出现一般显示天气较稳定,但如果继续发展并演变成卷层云,则预示未来天气将有变化。

伪卷云(Ci not) 云体较大也很厚密,一般呈砧状。它是积雨云衰退时段,云的顶部脱离主体演变而成。通常是在夏季,积雨云出现闪电、雷雨之后逐渐消散的时候,能够观测到伪卷云。

钩卷云(Ci unc)云体很薄,呈白色,云丝往往平行排列,有时倾斜下垂,向上的一头有小钩或小簇,很像逗点符号。

钩卷云常分散在天空,每当它系统地移入测站上空,并继续发展,预示即将有不稳定天气系统影响测站,还有可能出现阴雨天气,农谚"天上钩钩云,地上雨淋淋",即指出钩卷云具有预示天气的说法。

(2)卷层云(Cs)

云层比较均匀,呈乳白色,日月透过云层,轮廓清楚,可见地面有影,并经常有晕圈出现。

卷层云逐渐增厚,高度降低,并继续发展,预示将有天气系统影响测站,故有农谚"日晕三更雨,月晕午时风"在民间流传。反之卷层云无明显变化,云量还逐渐减少,未来的天气将不会有大的变化。

薄幕卷层云(Cs nebu)　云层很薄又比较均匀,毛丝般结构又不明显,云层分布在天空很不明显,有时误认无云。但云层是由冰晶组成,虽然较薄,每当日月透过云层时,将出现晕的现象。

毛卷层云(Cs fil)　云层厚薄不均,云底也不平整,毛丝般纤维结构比较明显,云的顶部比较平坦,略有微小起伏。

(3)卷积云(Cc)

云块很小,白色鱼鳞状,成行、成群排列分布在高空,有时很像微风吹拂水面而成的小波纹。卷积云是由高空大气层结不稳定产生波动作用而形成的。如果天空云的分布以卷积云为主,它又与卷云、卷层云有关联,相互影响,并系统发展,通常预示将有不稳定的天气系统影响测站,并将出现阴雨、大风天气。农谚"鱼鳞天,不雨也风颠"即指这样的云天。

8.4　各种云的相互演变图解

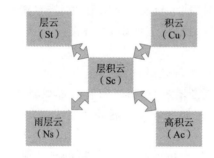

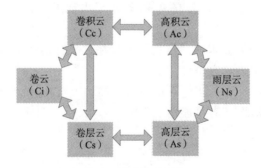

图 8-1　云的相互演变图

8.5　云量、云高与云向

8.5.1　云量

估计云遮蔽天空的成数称为云量(包括总云量、低云量)。就是将天空分成十等份,估计这十等份中为云所遮蔽的份数。

1. 总云量的观测:全天无云,总云量记 0;天空完全为云所遮蔽,记 10;天空为云所遮蔽,但在云隙中可见青天,则记 10⁻;云占全天空十分之一,总云量记 1;云占全天空十分之二,总云量记 2,依此类推。

2. 低云量的观测:低云量的观测方法与总云量同。全天为低云遮蔽,低云量记 10;但云隙中能见青天或看到上层云时,低云量记 10⁻;全天为云,但低云能遮蔽天空一半时,低云量记 5,依此类推。

8.5.2　云状与云量的记法

1. 云状记录:云状按其在天空分布的多少,依次记入,即云量多的云状记在前面,云量少的云状记在后面。无云时,该栏空白。

2. 云量记录:云量以分数形式记载,总云量作分子,低云量作分母。如总云量为10,低云量为 5 时,则记 10/5。如云量少于 1 则不记云量但记云状。

8.5.3　云高

云底距离地面的平均垂直高度,以 m(米)为单位。

8.5.4　云向

系指云来之方向以十六方位观测之。

8.6　观测云的步骤及注意事项

(1)云的观测一般是在观测场内进行。也可选择使视野包括整个地平线范围内的地方,如周围有高大建筑物或其他障碍妨碍视线时,须登高瞭望。

(2)根据云的外形特征来判断云族和云属。

(3)估计云高以校正所判断的云族、云属的正确与否。

(4)结合过去和现在天气,以及云的演变情况来确定所判断的云族、云属是否矛盾。

(5)在黎明或黄昏时,薄薄的云块看起来都很厚,即使比较透明的云条,在乳白色的天空中会显得灰暗,这时容易把高云误认为低云。

(6)从降水的性质来判断。

8.7　天气现象的观测

8.7.1　降水现象

1. 雨——滴状的液态降水，下降时清楚可见，强度变化较缓慢，落在水面上会激起波纹和水花，落在干地上可留下湿斑。

2. 阵雨——开始和停止都较突然、强度变化大的液态降水，有时伴有雷暴。

3. 雪——固态降水，大多是白色不透明的有六出分枝的星状或六角形片状结晶，常缓缓飘落，强度变化较缓慢。温度较高时多成团降落。

4. 阵雪——开始和停止都较突然、强度变化大的降雪。

5. 雨夹雪——半融化的雪（湿雪），或雨和雪同时下降。

6. 霰——白色不透明的圆锥形或球形的颗粒固态降水，直径约 2～5 mm，下降时常呈阵性，着硬地常反跳，松脆易碎。

7. 冰雹——坚硬的球状、锥状或形状不规则的固态降水，雹核一般不透明，外面包有透明的冰层，或由透明的冰层与不透明的冰层相间组成。大小差异大，大的直径可达数 10 mm。常伴随雷暴出现。

8.7.2　地面凝结现象

1. 露——水汽在地面及近地面物体上凝结而成的水珠（霜融化成的水珠，不记露）。

2. 霜——水汽在地面和近地面物体上凝华而成的白色松脆的冰晶，或由露冻结而成的冰珠。易在晴朗风小的夜间生成。

3. 雨凇——过冷却液态降水碰到地面物体后直接冻结而成的坚硬冰层，呈透明或毛玻璃状，外表光滑或略有隆突。

4. 雾凇——空气中水汽直接凝华或过冷却雾滴直接冻结在物体上的乳白色冰晶物，常呈毛茸茸的针状或表面起伏不平的粒状，多附在细长的物体或物体的迎风面上，有时结构较松脆，受震易塌落。

8.7.3　其他常见现象

1. 雾——大量微小水滴浮游空中，常呈乳白色，使水平能见度小于 1.0 km。高纬度地区出现冰晶雾也记为雾，并加记冰针。根据能见度将雾分为三个等级：

雾　　　　　　能见度 0.5～1.0 km

浓雾　　　　　能见度 0.05～0.5 km

强浓雾　　　　能见度小于 0.05 km

2. 轻雾——微小水滴或已湿的吸湿性颗粒所构成的灰白色的稀薄雾幕，水平能见度为 1.0～10.0 km。

3. 沙尘暴——由于强风将地面大量尘沙吹起,使空气相当混浊,水平能见度小于 1.0 km。根据能见度把沙尘暴分为三个等级:

沙尘暴　　　　　能见度 0.5 km~小于 1.0 km

强沙尘暴　　　　能见度 0.05 km~小于 0.5 km

特强沙尘暴　　　能见度小于 0.05 km。

4. 扬沙——由于风大将地面尘沙吹起,使空气相当混浊,水平能见度大于等于 1.0 km 至小于 10.0 km。

5. 浮尘——尘土、细沙均匀地浮游在空中,使水平能见度小于 10.0 km。浮尘多为远处尘沙经上层气流传播而来,或为沙尘暴、扬沙出现后尚未下沉的细粒浮游空中而成。

6. 雷暴——为积雨云云中、云间或云地之间产生的放电现象。表现为闪电兼有雷声,有时亦可只闻雷声而不见闪电。

7. 闪电——为积雨云云中、云间或云地之间产生放电时伴随的电光,但不闻雷声。

8. 龙卷——一种小范围的强烈旋风,从外观看,是从积雨云底盘旋下垂的一个漏斗状云体。有时稍伸即隐或悬挂空中;有时触及地面或水面,旋风过境,对树木、建筑物、船舶等均可能造成严重破坏。

9. 虹霓——以反日点为中心的彩色光弧。内侧光弧称为虹,色带排列内紫外红;外侧同心光弧称为霓,色带排列内红外紫,光彩较暗淡。虹霓形成于太阳相对方向有雨幕的时候。

8.7.4   能见度

白天能见度是指视力正常的人,在当时天气条件下,能够从天空背景中看到和辨认的目标物的最大距离。所谓能见,在白天是指能看到和辨认出目标物的轮廓和形体;在夜间是指能清楚看到目标灯的发光点。凡是看不清目标物的轮廓,认不清其形体,或者所见目标灯的发光点模糊,灯光散乱,都不能算"能见"。能见度观测记录以 km(千米)为单位,取一位小数,第二位小数舍去,不足 0.1 km 记 0.0。

8.8   作业

实际进行天气现象和云的观测并记录。

时间	能见度	天气现象	云量	云高	云状
5 月 17 日 09:00	30 km	晴	3/3	1500 m	淡积云 碎积云

实验 9　土壤水分测量

土壤水分是指保持在土壤孔隙中的水分,与土壤湿度紧密相关。土壤水分并非纯水,而是稀薄溶液,还含有胶体颗粒。土壤水分的主要来源是大气降水和灌溉水,此外尚有近地面水汽的凝结、地下水位上升及来自土壤矿物质中的水分。而大气降水渗入土壤中的多少,主要取决于降水量的大小、降水的强度和性质。一般来说,降水量大进入土壤中的水分就可能多,但土壤水分含量不一定高。强度大的降水或者阵性降水,因易造成地面径流流失,故渗入土壤中的水分就少;而强度小的连续性降水,有利于土壤对水分的吸收和储存,土壤水分含量也不一定比大强度降水后低。根据农业生产的需要,了解土壤湿度,掌握其变化规律,采取相应的措施改善土壤水分状况,保证作物水分的供应,对夺取农业高产是十分必要的。

9.1　实验目的

了解和掌握几种常用的测定土壤湿度的方法及原理。

9.2　实验内容

测定土壤湿度的方法很多。目前比较常用且应用较为广泛的有土钻法、中子仪法和负压计法。此外,还有其他测定土壤水分的方法如电阻法、微波法等。

9.2.1　土钻法

土钻法又称烘干法,是先在田间钻取土样,用室内烘干箱将土样烘干后,再经过计算求得土壤湿度,此法简单易行,成本较低,而且数据比较可靠,很多测量土壤水分的仪器都可以通过此方法进行标定或订正。但操作麻烦,对某点不能连续观测。

1. 所需仪器

可分为两部分:田间工作需要土钻、盛土盒、提盒等;室内工作需要托盘天平(载重 100 g,感重 0.1 g)、烘箱、高温表等。

2. 测定步骤及方法

(1)测定时间和深度

土钻法一般在土壤不冻结和冻结深度不超过 10 cm 时进行测定。当土壤冻结深度大于 10 cm 时,停止测定,测定深度一般由表土测至 100 cm 深,即 5 cm、10 cm、20 cm、30 cm……100 cm(也可根据需要来定)。

(2)田间取土

钻取土样时,土钻要保持垂直。每次取土提出土钻后,先将钻头零点刻度以下的土壤以及钻头上粘着的浮土去掉,然后用刮土刀刮取下部约 1 cm 厚的完整土层;重约 20～40 g,放在盛土盒内,随即将盒盖盖好。取土时切忌将不同深度的土样混杂。注意不要将每层取样剩下的土和钻孔周围的土落入钻孔。取的土样中若有石块或草根等物应挑出,下钻时碰到石块,切不要用力往下打,以免损坏土钻刃口。应在该孔附近另换地方,自 5 cm 开始重新钻取土样,以前钻取的土样作废。取完土后要用土将钻孔填满。

(3)土样的称重和烘烤

①盒与湿土称重:土样取完后带回室内。擦净土盒外面泥土,校准天平。将全部盛土的盒称重,以克为单位,取小数后一位。记入农气簿-2"盒湿土共重"栏内,然后再重复称一遍,以防称错。

②烘烤温度:将称重后的盒盖打开套在盒底下面放入烘箱内进行烘烤。烘烤的温度应稳定在 100～105℃。温度过高则会损坏土壤中的有机物质,温度过低则不能将土壤水分全部烘干,影响测定结果。

③烘烤时间:烘土时间的长短以土样完全烘干,土样重量不再变时为准,具体时间视土壤性质而定。一般从箱内温度达到 100℃时开始记时间,沙土、沙壤土需 6～7 h,壤土需 7～8 h,黏土需 10～12 h。最好进行复烘,即在第一次烘烤后,取部分土样称重,再放在烘箱内复烘两小时,如两次重量差不超过 0.2 g 时再结束烘烤,对此可通过实验找出当地经常测定土壤的一次烘干时间指标。

④盒与干土称重:烘烤完毕后,将土盒取出盖好盒盖,稍加冷却即进行称重,把重量结果记入"盒与干土共重"栏内,然后再复称一遍。当全部计算过程经检查确认无误后,再倒掉土样。

3. 土壤水分的计算

土壤水分的表示方法有土壤湿度百分率和土壤湿度占田间持水量的百分比表示等。为便于比较,在实际应用和开展服务方面可采用土壤湿度占田间持水量百分比的表示方法,它能更好地表示土壤水分的有效程度。

①土壤湿度百分率(即土壤含水量占干土重百分比)的计算,其公式如下:

土壤湿度百分率(%)＝含水量/干土重×100%

含水量＝盒湿土共重－烘后盒土共重

干土重＝烘后盒土共重－盒重

②土壤湿度占田间持水量百分率的计算：

不同深度的土壤湿度除以相应深度同类土壤的田间持水量。

土壤湿度占田间持水量百分率(％)＝土壤湿度百分率/同类土壤的田间持水量百分率×100％

例如：所测土壤的田间持水量是 26％，测得的土壤湿度百分率是 12％，则土壤湿度占田间持水量百分率(％)＝12/26×100％＝46％

一般土壤湿度占田间持水量 40％以下为重旱；40％～60％为轻旱；60％～90％为正常；＞90％为过湿。

4. 仪器和用具的维护

仪器应经常保持清洁和准确。取土后钻头要擦净。每年开始取土前应称量每个盛土盒的重量，以克为单位，准确到小数一位。每次测定全部结束后，要将盒内土样倒出，擦净。盒身盒盖的号码应保持一致，按号码顺序放入提盒中。天平要定期送往计量部门复检，平时妥善保管。电烘箱不得一次调温过高，以免超出允许范围。

9.2.2 中子仪法

中子仪法的基本原理建立在中子散射理论上。中子仪的探头——快中子源(由放射性物质构成)放出的快中子与土壤中各种原子核发生碰撞，每次碰撞就损失部分能量，经过多次碰撞后，由于能量损失，其速度很快降低，成为慢中子。因为氢原子核的质量与中子质量差不多，故中子与氢原子核碰撞时，其能量损失最大。所以氢原子核就成为快中子的最强慢化体。而土壤中几乎所有氢原子核都存在于水分中，故土壤中快中子的慢化能力主要决定于土壤中水分含量多少。因此利用中子仪的慢中子探测器测得土壤中慢中子流强度，就可以求出土壤含水量。

中子仪测土壤湿度的优点在于，不要取样测定(而需于土中埋好金属管)，不受测量土壤物理结构(如冻土等)的限制，适于测定深层土壤水分。其测定结果可以代表以中子源为中心，半径约几到几十厘米土体的平均含水量，比常规法更有代表性。中子仪法的不足之处是，不适用于浅层土壤含水量的测定，在 30 cm 以下才有较好的精度。由于使用放射性物质(镭和铍或镅和铍的混合物)作为快中子源，在使用中防护较困难，又因仪器造价昂贵，限制了中子仪的推广应用。

9.2.3 负压计(张力计)法

这是利用土壤水分张力的原理，测定土壤湿度的方法。负压计由一个陶土管、一个负压表和一根集气管组成，在仪器中充满水，密封之后插入土壤中，就可以进行测量。陶土管式仪器的感应部件能透过水及溶质，但不能透过土粒及空气。由于不饱和的土壤具有吸力,所以陶土管周围的土壤经陶土管壁将仪器中的水"吸"出,使仪器系统内产生一定的真空度,这一真空度即负压力,由仪器的指示部件——负压表指示出来。

当土壤被降雨或灌溉重新湿润时,土壤吸力减少,与仪器原来的负压力不平衡时,土壤水分会重新经陶土管壁"压"入仪器中,使仪器的负压力下降,而与土壤吸力达到新的平衡为止。当土壤水正好达到饱和时,负压(即吸力)为零。如果土壤水分过多,造成临时积水,或陶土管处于地下水位之下。那么,会使仪器处于正压力状态。

负压力测量土壤湿度,可以不取土样,较长时间埋设于田间,进行连续观测,所以一般用于观测长期的土壤水分变化动态来掌握农田灌溉量。作物凋萎时的土壤水分吸力值可能超出负压计的测量范围,负压计测量范围是狭窄的。但是作物生长适宜的土壤吸力多在负压计的测量范围之内,故它可以用作作物丰产灌溉指标。

9.2.4　便携式土壤水分测定仪器

便携式土壤水分测定仪器体积小、测量方便、便于携带。有很多不同类型的便携式土壤水分测定仪器。但其工作原理、仪器构造、使用方法都基本一致。土壤水分测定仪器一般由感应部分和读数部分组成。通过土壤水分传感器测量各个指定点的土壤水分值。有的仪器可以通过 GPS 接收机采集各个指定点的具体经度、纬度位置。配备有土钻的可方便设置传感器测量深度及土壤取样。

该仪器工作原理:仪器发射一定频率的电磁波,电磁波沿探针传输,到达底部后返回,检测探头输出的电压,由于土壤介电常数的变化取决于土壤的含水量,由输出电压和水分的关系则可计算出土壤的含水量。

便携式土壤水分测定仪一般具有以下特点:大屏幕中文液晶显示,薄膜式按键,可实时显示水分值、组数、低电压示警。专用铝合金手提箱,重量轻,便于野外作业。不同型号有不同功能,用户可按实际需求选购。还可以进行数据下载与储存,储存文件直接可以导入 EXCEL 软件,既可与计算机连机使用,又可以断开微机独立监测。

实验 10　农业气候资料统计与分析

10.1　农业气候资料统计方法

气候是某一地区多年平均天气状况和特殊天气状况的综合描述。表示一个地区气候特征的最基本的气候指标通常用以下特征数来表示:总量、平均数、极值、频率、保证率、变率等。并通过气象资料表或气候图等方法来表达,使人们较为直观地了解一个地区的气候状况及一个地区气候与其他地区气候条件的差异。了解一个地区的气候特征、分析一个地区的气候状况和一个地区同其他地区气候上的差异,主要依赖于气象资料。气象资料是揭示气候变化规律的主要依据。气象要素的观测、资料的整理是气候分析、气象科学研究的基础。

10.1.1　实验目的

通过本实验要学会特征数的表示方法。学会气候资料的表格统计、整理及气候图、直方图、曲线图、列线图、等值线图等的绘制。

10.1.2　实验内容

(1)气候特征数:总数、平均数、极值、频率、变率、较差等的求算方法。

(2)气候资料表的制作:如某地某气候要素历年资料表或某地各要素历年综合资料表和不同地区某要素的累年资料表等。

(3)气候图:在坐标纸中绘制直方图、曲线图、列线图、等值线图以及风向频率图等。

10.1.3　实验方法

10.1.3.1　特征数

1. 总量

在统计分析中研究对象的全体称为总体(G)。总体中每一个单位就是个体

(x_i)，将总体中每一个个体量相加起来是总量。

$$G = \sum_{i=1}^{n} x_i$$

常计算总量的气象要素有：太阳辐射及生理辐射的日、旬、月、年总量或某一时段内的总量；日、旬、月、年和某一时段的日照总时数；某一时期的积温；日、旬、月、年的降水总量；日、旬、月、年的蒸发总量等。

2. 平均数

它是表示气候平均状态时最常用的最简单的一种表示方法。它表示某地区气候要素的一般特征，通常用算术平均数。算术平均数是指观测数列中各变量之和除以变量个数所得的商。其计算为：设有一个观测数列 $x_1, x_2, x_3 \cdots x_n$，则

$$\bar{x} = \frac{1}{n} \sum_{i=1}^{n} x_i$$

式中：$\bar{x}$ 为算术平均数，n 位项数（即观测总次数、总时数、总日数、总月数、总年数等）。

3. 极值

极值（极端值）有极端最大值和极端最小值。气候上的极值指的是一定时间（或时段）内出现的最大值（或最小值）。极值能反映某要素在纪录年代中的变化幅度，如在农田水利建设中要建造一个水库，除了必须了解降水量的多年平均值外，还必须了解当地降水量的年极值，以保证水库的安全。

在挑选极值时，应注明极值出现的时间，如海拉尔在 1951—1970 年 20 年内，极端最高温度为 36.7℃（1995 年 7 月 22 日），极端最低温度是－48.5℃（1951 年 1 月 3 日）；云南省昆明市在 1951—1970 年 20 年内极端最高温度是 31.5℃（1958 年 5 月 31 日），极端最低温度是－5.4℃（1952 年 1 月 4 日）。

4. 较差（变幅）

较差是指某要素在一定时间内最大值（最高值）与最小值（最低值）之差。它可以说明某要素在某时段内量变的大小。平均气温的年较差是最热月的平均气温与最冷月的平均气温之差。如黑龙江省哈尔滨市 1951—1970 年最热月平均气温为 22.7℃，最冷月平均气温为－19.7℃，该站平均气温年较差为 42.4℃。

5. 频率

（1）频数：某一现象在若干次试验或观测中，实际出现的次数。

（2）频率：是相对频率的简称，它是指某一现象在若干次试验或观测中，实际出现的次数与试验或观测总次数的百分比：

$$p = \frac{m}{n} \times 100\%$$

式中：p 为频率，m 为频数，n 为总次数。频率是一个相对数，没有单位，它变动于 0～

100%之间。计算频率时,只取整数,小数四舍五入,频率不能为负数,也不可能大于100%。

6. 保证率

保证率是指某时段内,某一气象要素值高于(或低于)某一界限的频率的总和。它能说明可靠的程度。

求某一要素高于(或低于)某界限的保证率时,资料的记录年代应比较长(至少20年)。例:求算上海市的降水保证率。

(1)搜集资料

表 10-1　上海市 100 年降水资料(年降水量)　　　　　　　　单位:mm

年	0	1	2	3	4	5	6	7	8	9
187～				971.8	1006.8	1588.1	770.7	1008.9	1206.8	1271.5
188～	1101.9	1341.2	133.10	1085.4	1184.4	1113.4	1203.9	1170.7	975.4	1462.3
189～	947.8	1416.0	709.2	1147.5	935.0	1016.3	1031.6	1105.7	849.9	1233.4
190～	1008.6	1063.8	1004.9	1086.2	1022.5	1330.9	1439.4	1236.5	1088.1	1288.7
191～	1115.8	1217.5	1320.7	1078.1	1203.4	1480.0	1269.9	1049.2	1318.4	1192.0
192～	1016.0	1508.2	1159.6	1021.3	986.1	794.2	1318.3	1171.2	1161.7	791.2
193～	1143.8	1602.0	951.4	1003.2	340.4	1061.4	958.0	1025.2	1265.0	1196.5
194～	1120.7	1659.3	942.7	1123.3	910.2	1398.5	1208.6	1305.6	1242.3	1572.3
195～	1416.9	1256.1	1285.9	984.8	1390.3	1062.2	1287.5	1477.0	1017.9	1217.7
196～	1197.1	1143.0	1018.9	1243.7	909.4	1030.3	1124.4	811.4	820.9	1184.1
197～	1107.5	991.4	901.7							

表 10-2　上海市 100 年降水量的频率和保证率

降水量(mm)组限	≥1601	1600～1501	1500～1401	1400～1301	1300～1201	1200～1101	1100～1001	1000～901	900～801	800～701	总数
出现年数	2	3	6	9	17	20	22	13	4	4	100
频率(%)	2	3	6	9	17	20	22	13	4	4	100%
保证率(%)	2	5	11	20	37	57	79	92	96	100	100%

注:因为频率取整数,小数四舍五入,所以累计总频率不一定等于100%。

(2)根据需要,将要素的观测数列由大到小或由小到大进行排列

确定组数、组限和组距:组数的多少和组距的大小,与资料变动范围和统计的精确度有关,但各组的组距应相等。如表 10-2 中各组的组距都是 100,组限就是指各组的界限,各组中较小值为下限,较大值为上限。如 701,801…1501 为下限,800,900…1600 等为上限。

(3)统计数列中各组出现的次数(频数)。

(4)计算各组出现的频率。

(5)将各组的频率依次累加,即得个界限的保证率。

例如:求上海 1873—1972 年 100 年中各级降水量出现的频率和保证率。

求上海年降水量出现 1001 mm 以上的保证率则把出现 1001～1100 mm,1101～1200 mm,1201～1300 mm,1301～1400 mm,1401～1500 mm,1501～1600 mm,即把≥1001 mm 的频率加起来,即为上海年降水量出现 1001 mm 以上的保证率。

$$22\% + 20\% + 17\% + 9\% + 6\% + 3\% + 2\% = 79\%$$

这说明,该地的降水量在 100 年中,有 79 年保证超过 1001 mm,有 21 年小于 1001 mm,也就是说有 21 年年降水量达到 1001 mm 是没有保证的。

7. 变率

变率是说明气候要素变化情况的一个指标,变率分绝对变率和相对变率两种。

绝对变率(d_i):又叫距平或离差。在气候统计中,某要素的距平是某要素的观测数列(x_i)与同时段内同要素的平均值($\bar{x}$)的差值。

设:某要素的观测数列 $x_1,x_2,x_3,\cdots x_n$ 则距平:

$$d_i = x_i - \bar{x}$$

如果 $x_i - \bar{x} > 0$ 为正值,即正距平,如果 $x_i - \bar{x} < 0$ 则为负距平。

平均绝对变率(d)是反映某地某要素历年变动的平均情况:

$$\bar{d} = \frac{1}{n}\sum |d_i| = \frac{1}{n}\sum |x_i - \bar{x}|$$

相对变率(D):又称相对距平。在气候统计中,相对变率是指某要素的绝对变率(d_i)与该要素平均值($\bar{x}$)之比用百分比表示:

$$D = \frac{d_i}{\bar{x}} \times 100\%$$

如果相对变率小,说明该要素的变化比较稳定,如果相对变率大,则说明该要素的变化比较大。相对变率多用于降水量的统计分析。

平均相对变率($\bar{D}$)是平均绝对变率($\bar{d}$)与平均值之比,用百分比表示:

$$\bar{D} = \frac{\bar{d}}{\bar{x}} \times 100\%$$

10.1.3.2　气候资料表

气候资料表统计整理后,根据需要列成各种表格,使人们对整理出来的气候资料内容有一个简明的判断,如某地某气候要素历年资料表(表 10-1)、各要素累年总和资料表(表 10-3)和不同地区某要素的累年平均资料表(表 10-4)。

表 10-3　齐齐哈尔 1951—1970 年各要素累年综合资料表

项目	月份												年
	1月	2月	3月	4月	5月	6月	7月	8月	9月	10月	11月	12月	
平均气温(℃)	-19.6	-15.4	-5.7	5.3	13.9	20.1	22.6	21.0	13.8	4.8	-7.3	-16.4	3.1
极端最高气温(℃)	1.2	12.8	18.8	30.3	35.9	37.9	39.9	37.5	29.0	26.5	14.5	6.9	39.9
出现日期	1962— 01—07	1960— 02—23	1969— 03—25	1961— 04—19	1951— 05—29	1965— 06—21	1968— 07—22	1955— 08—23	1968— 09—03	1952— 10—06	1954— 11—07	1955— 12—12	1968— 07—22
极端最低气温(℃)	-39.5	-34.5	-29.4	-14.6	-4.6	2.8	10.4	8.0	-2.1	-10.9	-27.7	-32.9	-39.5
出现日期	1951— 01—08	1952— 02—03	1951— 03—03	1955— 04—03	1963— 05—01	1963— 06—10	1951— 07—29	1966— 08—31	1965— 09—30	1964— 10—28	1952— 11—30	1965— 12—12	1951— 01—08
平均相对湿度(%)	70	65	53	47	50	63	74	75	70	62	63	68	63
平均降水量(mm)	2.8	2.3	6.2	14.8	32.0	61.5	143.2	108.0	56.4	17.1	3.1	4.1	451.5
平均日照时数(h)	196.0	211.5	254.4	247.0	286.7	295.5	262.2	260.1	239.7	225.6	198.8	181.3	2859.0
平均日照百分率(%)	71	73	69	61	61	62	55	59	64	68	72	69	64
平均风速(m/s)	3.2	3.6	4.3	5.0	4.6	3.7	3.3	3.2	3.5	3.9	3.7	3.3	3.8
最大积雪深度(cm)	5	13	17	15						4	6	11	17
出现日期		1968— 02—29	1954— 03—19	1966— 04—16						1956— 10—30	1960— 11—08	1951— 12—12	1954— 03—19

表 10-4　不同地区降水量累年资料表(1951—1970 年 20 年平均)　　　单位:mm

	1 月	2 月	3 月	4 月	5 月	6 月	7 月	8 月	9 月	10 月	11 月	12 月	年
库车	1.7	1.6	1.5	5.2	6.7	11.9	12.0	12.5	2.8	3.0	4.0	1.2	63.0
张掖	2.1	1.6	3.4	4.7	14.6	17.6	25.4	31.1	15.1	5.7	2.2	1.7	125.1
银川	1.0	2.2	6.6	16.1	17.3	22.4	38.2	55.8	27.1	12.9	5.0	0.8	205.4
海拉尔	3.6	3.1	5.6	13.9	29.4	50.6	90.8	84.1	39.3	11.0	4.4	3.9	339.8
呼和浩特	2.4	6.1	10.1	19.9	28.4	46.2	104.4	136.9	40.4	24.1	5.9	1.4	426.1
天津	2.2	6.1	5.9	23.2	29.1	66.3	185.9	162.6	42.2	22.8	10.5	2.3	559.1
济南	6.2	10.4	16.1	36.1	36.8	73.7	214.0	147.9	60.9	33.0	28.9	8.2	672.2
沈阳	8.3	7.7	13.1	36.4	53.7	87.9	217.2	180.3	86.0	36.0	19.0	9.4	755.4
通化	10.2	11.8	19.9	46.7	77.9	115.1	22.4	211.7	89.6	43.5	31.9	14.2	894.4
昆明	10.0	9.8	13.6	19.6	78.0	181.7	216.4	195.2	122.9	94.9	33.7	15.9	991.7

10.1.3.3　气候图

气候图是根据一个地区多年的气象资料加以整理分析绘制而成的。它使我们了解这个地区的气候面貌,并结合具体情况,充分利用有利的气候资源,避免不利的气候因子影响的重要参考资料之一。农业气候图是在气候图的基础上主要根据农业气候指标去分析各地的农业气候特征,研究这些特征对农业生产的利弊程度,解决农业生产的问题。所以,农业气候图是农业气候工作必不可少的重要工具。农业气候图按地区分有单站农业气候图和区域农业气候图。按绘制方法分有坐标图、等值线图等。一般单站气候图多用坐标图表示,区域气候图多用等值线图表示。

下面介绍较为常用的坐标图中的直方图、曲线图、列线图三种图,以及等值线图、风向频率图。

1. 雨量变化直方图

是根据某地多年月平均雨量资料绘制而成。图中横坐标表示各月份、纵坐标表示多年平均月降水量,用直方格表示,如图 10-1 所示。

2. 曲线图

曲线图的种类很多,图 10-2 是北京市降水量保证率曲线图。横坐标表示气候要素(降水量),该图中 1 格为 150 mm 降水量间距。纵坐标表示保证率(%)。从图10-2中可看出:

(1)如果需要求降水量要素有 90% 的保证率时,降水量这一要素值到底是多少?从图中可查出,要降水量有 90% 的保证率,降水量约在 380 mm。

(2)反过来,求降水量不少于某一定值(如 520 mm)保证率是多少? 可以从图中看出降水量不少于 520 mm 的保证率约是 65%。

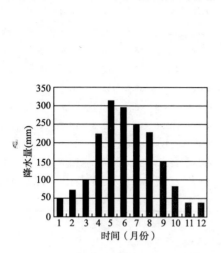

图 10-1　广州市各月降水量平均值直方图　　图 10-2　北京市降水量保证率曲线图

3. 列线图

列线图是指平面直角坐标中用一族互不相交的线段表示含有两个独立变量的函数图。即为三个因子或要素值之间的关系图。这种图能在一坐标场内反映出一个地理区域内某一气候因子,或某因子的两个指标值随时间和地域的变化规律。图 10-3 是各站大于≥10℃积温列线图,纵坐标表示各站积温多年平均值,横坐标表示时间。

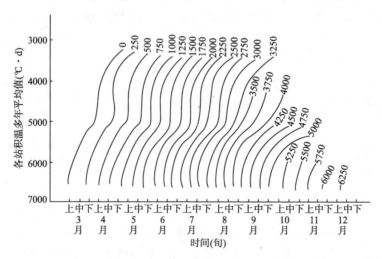

图 10-3　各站≥10℃积温列线表(列线数值单位:℃·d)

从图 10-3 中可以查出：①某地（已知该地≥10℃积温的多年平均值可由纵坐标找到对应数值）在生长期内的任何一天（由横坐标查出）所累积的积温值（即对应该地点与日期的等值线的数值）；②某地从某一天开始累积到某一积温值，可能出现的日期；③计算某地生长期内任何一段时期内可能累积的积温数值。有了这张图，只要知道了某地≥10℃多年平均积温，就可以知道≥10℃积温到达一定值的时间，这就对安排农业生产、预报作物病虫害、农业气象情报、预报有很大的作用。

4．等值线图

等值线图是在一张空白地图上根据各站点的资料，将数字相等的地点连成线的一种图形。这种图较为直观，无须加很多文字说明即能使人一目了然，如图 10-4 所示。

5．风向频率图

风向频率图是将不同月份（或年）的风向频率值绘制成的资料图，它能清楚地表示出各种风向出现的频率。

绘制方法：先从中心一点作等差半径的同心圆，通过中心向周围作十六条或八条成辐射状表示风向的等距轴。以中心为起点，按一定比例将各风向的频率分别在各轴上量取一定的线段，线段长度与频率成正比。最后按顺序把各线段的顶点相连，静风的频率记在中心，就画成风向频率图，如图 10-5 所示。

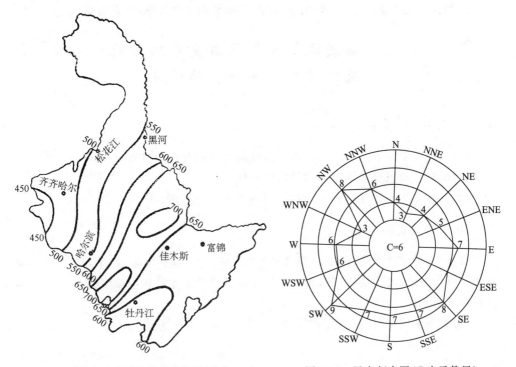

图 10-4　黑龙江省年降水量等值线图（单位：mm）　　　图 10-5　风向频率图（C 表示静风）

10.1.4　作业

1. 求算哈尔滨站 2000—2009 年各年平均气温,及 10 年的各月份的多年月平均气温值。

2. 挑选哈尔滨站各年(1961—1970 年)的极端最低气温,及 10 年中各月份的极端最低值。

3. 求算哈尔滨站 7 月份的降水平均绝对变率和降水平均相对变率值。

4. 用哈尔滨站 20 年的终霜日资料计算各保证率(用区组法计算)及绘制保证率曲线图,并加以分析说明。

5. 绘制哈尔滨站 4—9 月降水量直方图(资料 1990—2008 年)。

6. 绘制哈尔滨站多年平均的风向频率图。

应用资料:

1. 哈尔滨站 2000—2009 年各月平均气温资料(气象资料表 1)。

2. 哈尔滨站 2000—2009 年各月极端最低气温(气象资料表 2)。

3. 哈尔滨站 1990—2008 年 4—9 月各月降水表(气象资料表 3)。

4. 哈尔滨站 1951—1970 年的初、终霜日期(气象资料表 4)。

5. 哈尔滨站 1951—1970 年的 20 年的多年平均风向频率(气象资料表 5)。

10.2　稳定通过某界限温度日期的确定及持续日数和积温的计算

10.2.1　实验目的

(1)学会用不同统计方法求算界限温度起止日期及持续日数;

(2)学会活动积温多年年平均的求算方法;

(3)掌握多年平均气温直方图的绘制方法及各种应用。

10.2.2　实验内容

(1)用五种统计方法,即五日滑动平均法、偏差法、候平均法、日平均气温绝对通过法及直方图法(或内插法)等,求算个别年或者多年平均的界限温度起止日期、持续日数和活动积温。

(2)多年平均气温直方图的绘制和应用。

10.2.3 实验方法

10.2.3.1 统计方法求算界限温度起止日期和活动积温

1. 五日滑动平均法

①起始日期的确定方法:是从春季第一次出现高于某界温度之日起,向前推算四天,按日序依次计算出每连续五日的滑动平均温度,形成新的五日滑动平均序列。从新序列中选出大于等于该界限温度的五日滑动平均值,并在其后不再出现低于该界限温度的连续五日滑动平均值。从这个连续五日中挑出第一个日平均气温大于等于该界限温度的日期,此日即为起始日(又称初日)。

②终止日期的确定方法:即从秋季第一次出现低于某界温度之日起,向前推算四天,按日序依次计算出每连续五日的滑动平均温度,并从其中选出第一个出现小于该界限温度的五日滑动平均温度,从此连续五日中挑出最后一个日平均气温大于等于该界限温度的日期,此日即为终止日期(又称终日)。

③持续日数:稳定通过某界限温度起止日之间的天数之和。即

$$持续日数 = 终日序 - 初日序 + 1$$

④活动积温:就是把起止日之间大于等于界限温度的日平均温度累加之和,有效积温是该持续期内有效温度之和。

例:以 10℃ 为界限温度,从表 10-5 资料可见,在时段 3 月 21 日—3 月 25 日以后每连续五日的平均温度大于 10℃。所以 3 月 22 日为 >10℃ 的起始日期。

表 10-5 五日滑动平均法资料计算表

日期	日平均气温(℃)	时段	五日滑动平均温度(℃)	日期	日平均气温(℃)	时段	五日滑动平均温度(℃)	日期	日平均气温(℃)	时段	五日滑动平均温度(℃)
03-13	4.7	03-13—03-17	7.4	03-20	6.8	03-20—03-24	9.2	03-27	11.3	03-27—03-31	12.4
03-14	6.1	03-14—03-18	8.5	03-21	7.2	03-21—03-25	10.7	03-28	14.2		
03-15	6.9	03-15—03-19	9.4	03-22	10.3	03-22—03-26	11.7	03-29	11.8		
03-16	9.0	03-16—03-20	9.4	03-23	11.9	03-23—03-27	11.9	03-30	12.5		
03-17	10.1	03-17—03-21	9.0	03-24	9.8	03-24—03-28	12.3	03-31	12.2		
03-18	10.6	03-18—03-22	9.1	03-25	14.2	03-25—03-29	12.7				
03-19	10.4	03-19—03-23	9.3	03-26	12.3	03-26—03-30	12.4				

2. 偏差法

某界限温度的起始日期是指春季第一次出现大于某界限温度之日起,到春季日平均气温不再低于某界限温度之日为止的第一段时期内,连续计算数日内的正偏差之和和负偏差之和(日平均温度减去某界限温度之差>0 为正偏差,反之为负偏差)。当某个时期的正偏差之和大于该时期以后各个时期出现的负偏差之和的绝对值的两倍以上时,则该时期的第一天就是某界限温度的起始日期。

终止日期和上述方法相同,它是指秋季某时期负偏差之和绝对值大于该时期以后任何一个时期正偏差之和两倍以上时,则该时期的前一天就是某界限温度的终止日期。持续日数、活动积温求算方法同前。

例:求算北京地区 1959 年≥10℃的起始日期如表 10-6 统计,可知在 3 月 25日—3 月 31 日这一时段正偏差之和(如 18.4)比以后出现的负偏差之和的绝对值(如1.2,0.1)均大两倍以上,所以这个时期的第一天 3 月 25 日为 1959 年≥10℃的起始日期。

表 10-6　偏差法资料计算表

时期	正偏差之和	负偏差之和的绝对值
03-17—03-19	1.1	
03-20—03-21		6.0
03-22—03-23	2.2	
03-24		0.2
03-25—03-31	18.4	
04-01		1.2
04-02—04-20	57.0	
04-21		0.1
04-22—	>10	

3. 候平均法

候平均法的统计思路和五日滑动平均法相同,只是在确定界限温度日期时,起始日期是指春季各月中第一个在其后不出现候平均气温(每月按六候计算)低于某界限温度的那一候,此候中间一天即为起始日期。在秋季各月中挑选候平均温度低于某界限温度的那一候,此候中间一天即为终止日期。

例:求北京地区 1959 年≥10℃的开始日期。由表 10-7 资料可见,3 月第 5 候以后,候平均温度均无低于 10℃的温度,所以 3 月 23 日为起始日期。

表 10-7　候平均法资料计算表

月	3 月			4 月		
候	4 候	5 候	6 候	1 候	2 候	3 候
温度(℃)	9.3	10.7	10.7	11.2	13.0	12.6

4. 日平均气温绝对通过法

在确定界限温度日期时,日平均气温绝对通过法,在春(秋)季的逐日平均气温中,挑选第 1 个(最后 1 个),其后(前)没有低于某界限温度的日期,作为稳定通过该界限温度的初(终)日。

10.2.3.2　绘图法

1. 直方图法

首先选取多年月平均气温资料,之后绘制月平均气温年变化直方图(图 10-6)。

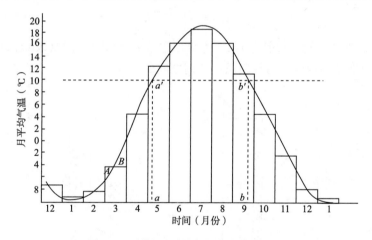

图 10-6　某站月平均气温年变化直方图

绘直方图注意事项:

(1)横坐标是月份,纵坐标是月平均气温。

(2)为了保证曲线的连续性,并便于讨论寒冷时期的温度变化。横坐标的月份顺序应是 12 月,1 月,2 月,3 月,……11 月,12 月,1 月一共 14 个月。

(3)通过各月中点(直方柱上底中点),绘制圆滑的气温年变化曲线。画曲线时,要使从小柱一面切去的面积(如图中 A)和从另一面增加的面积(如图中 B)相等,则曲线与横坐标之间的面积等于直方图的面积。

(4)绘制曲线时,使用 HB 铅笔,禁用粗软铅,以免影响精确度

运用直方图求界限温度起止日期:从纵坐标上找出所要求的界限温度,并以此点

引平行于横坐标的直线与年变化曲线相交于 a'、b'，分别引垂线与横坐标相交于 a、b 两点，则 a、b 分别为界限温度的起始日期和终止日期。

求算某界限温度起止日期范围内的活动积温：

即 $F = A_1 + A_2 + A_3 + \cdots + A_n \left(F = \int_b^a f(x)dx\right)$

式中：F 为活动积温多年年平均值，A_1、$A_2 \cdots A_n$ 为某界限温度起止日期之间各月的活动积温值。

A_1 和 A_n 的求算方法（按求梯形面积的方法，见图 10-7）：

若起始日期出现在该月月中之前（小月 1—14 日，大月 1—15 日，2 月 1—13 日）：

$$A_1 = A' - \frac{c+d}{2} \times h$$

若起始日期出现在该月月中之后：

$$A_1 = \frac{c+d}{2} \times h$$

式中：A' 为该月日平均气温月总计；d 为界限温度；c 为某月月初（末）与曲线相交时的温度；h 为某月月初（末）与界限温度日期之间的日数。

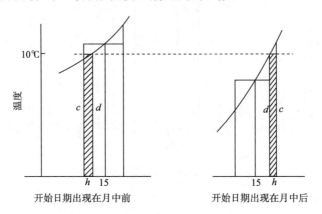

图 10-7　求算起始日期示意图

用同样方法也可求算终止日期所在不完整月的积温 A_n。A_1 和 A_n 之间的其他各月，A_2，A_3，A_4，$\cdots$，A_{n-1} 直接采用多年月总计平均值。

2. 列线图的绘制和应用

列线图的应用广泛，我们以积温列线图为例讲述该图的绘制方法和步骤。我们知道在同一自然地理区域内，积温累积的变化也具有一定的相似性。因此，可以进行各气候区域积温累积列线图的分析。近年来，农业气候工作者对活动列线图的分析

有了新的发展,列线图在农业气候条件分析中得到了广泛的应用。如制作某地区大于
一定界限温度的列线图后,只要知道了某地区大于这一界限温度的多年平均积温,就可
以从图中查出该地达到这一界限的累积温度的可能出现日期。方法步骤主要有四点:

　　①先求某一地区各站点通过某界限温度的起止日期,及界限温度起止日期之间
各旬的多年旬平均温度值。

　　②计算各站大于某界限温度的逐旬累进值(表 10-8)。

　　③分别绘制各地的累积曲线(1 号站、2 号站⋯⋯)以 x 轴代表出现日期,y 轴代
表活动积温如图 10-8 所示。

　　④从这些站的积温累积曲线图中查出到达一定值(0、250、500、750⋯⋯)的出现
日期列表如表 10-9 所示。

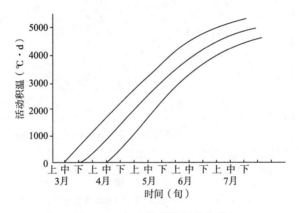

图 10-8　各站的积温累积曲线

表 10-8　各地逐旬旬平均气温多年累进值　　　　　　　　　　单位:℃

站名	项目	3 月			⋯⋯	11 月		
		上旬	中旬	下旬		上旬	中旬	下旬
1 号站	各旬合计	25	84	148	⋯⋯			
	逐旬累进值	25	109	257	⋯⋯			
2 号站	各旬合计							
	逐旬累进值							

　　⑤利用表 10-9 资料,绘制积温列线图。如图 10-9,纵坐标表示各站积温的多年
平均值,横坐标表示出现日期。由上表各站出现某累积值所对应的日期分别点入坐
标内,然后将各地统一累积值出现的日期不同的各点连成一平滑曲线,此一系列曲线
即为积温列线图。

表 10-9　各地到达一定积温值的日期资料

站名	各界限积温出现日期						
	0℃·d	250℃·d	500℃·d	750℃·d	1000℃·d	1250℃·d	……
1 号站	03-09	03-26	04-11	04-23	05-05	05-17	……
2 号站	03-13	03-29	04-15	04-27	05-09	05-20	……
3 号站	03-27	04-13	04-27	05-11	05-27	06-02	……
……	……	……	……	……	……	……	
……	……	……	……	……	……	……	

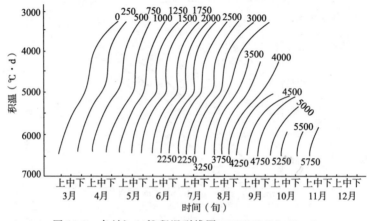

图 10-9　各站≥10℃积温列线图(列线数值单位:℃·d)

10.2.4　作业

1. 用各种不同的统计方法计算哈尔滨 2004 年≥10℃的起止日期、持续日数和活动积温。

2. 利用直方图求算哈尔滨≥10℃的起止日期、持续日数和活动积温,并利用该图求算下列各热量指标。

≥0°			≥5°		
开始日期	终止日期	持续日数	开始日期	终止日期	持续日数

3. 试评述不同统计方法的优缺点。

应用资料:

(1)哈尔滨 30 年月平均气温资料(气象资料表 6)。

(2)哈尔滨站的旬平均气温值(气象资料表7)。

(3)哈尔滨市 2004 年 3 月 21 日—5 月 31 日,9 月 26 日—10 月 28 日平均气温资料(气象资料表8)。

气象资料表 1　哈尔滨 2000—2009 年各月平均气温资料　　　　单位:℃

年份	1 月	2 月	3 月	4 月	5 月	6 月	7 月	8 月	9 月	10 月	11 月	12 月
2000	−19.8	−14.2	−4.1	5.6	14.7	21.4	23.6	22.2	15.5	4.7	−7.6	−19.1
2001	−21.5	−15.8	−5.8	7.1	15.4	20.4	23.6	21.0	13.9	7.0	−2.9	−14.6
2002	−14.9	−8.5	−0.6	6.7	15.5	17.6	21.6	18.8	14.5	3.2	−10.9	−16.0
2003	−16.2	−12.1	−1.0	8.8	14.9	19.9	21.2	19.5	15.2	6.0	−6.4	−13.0
2004	−17.3	−11.7	−3.7	6.0	13.6	20.7	21.8	20.2	15.5	7.3	−2.2	−16.7
2005	−16.2	−15.8	−4.4	5.9	12.1	21.2	22.0	21.2	15.0	6.5	−3.4	−16.8
2006	−18.2	−14.0	−4.8	4.3	15.7	18.6	22.4	21.9	14.5	5.8	−6.0	−13.3
2007	−11.6	−10.6	−4.5	6.2	13.4	21.7	22.7	22.2	15.5	6.3	−4.6	−11.8
2008	−17.4	−10.6	1.3	9.5	12.7	21.1	23.6	21.4	15.0	7.2	−6.0	−13.0
2009	−17.5	−13.5	−5.3	8.0	17.2	17.4	20.6	20.6	13.7	6.1	−7.8	−18.1

气象资料表 2　哈尔滨 2000—2009 年各月极端最低气温资料　　　　单位:℃

年份	1 月	2 月	3 月	4 月	5 月	6 月	7 月	8 月	9 月	10 月	11 月	12 月
2000	−23.8	−17.8	−12.4	0.7	5.6	16.2	18.8	20.3	13.6	−1.5	−18.7	−27.0
(日期)	(20)	(1)	(8)	(10)	(5)	(7)	(24)	(24)	(30)	(15)	(26)	(27)
2001	−30.9	−30.0	−13.8	2.4	8.7	15.7	19.9	17.7	8.7	0.5	−11.8	−19.3
(日期)	(11)	(4)	(6)	(2)	(5)	(13)	(19)	(26)	(21)	(27)	(26)	(30)
2002	−20.4	−18.1	−12.1	1.4	11.4	13.0	20.2	15.0	11.5	−3.0	−15.3	−21.0
(日期)	(2)	(10)	(2)	(9)	(4)	(11)	(16)	(8)	(19)	(26)	(27)	(10)
2003	−22.6	−17.4	−9.1	0.6	7.5	12.9	17.6	17.1	11.2	1.2	−18.2	−18.2
(日期)	(4)	(11)	(3)	(8)	(7)	(9)	(19)	(29)	(30)	(23)	(26)	(5)
2004	−22.7	−19.3	−15.9	0.7	6.0	16.9	17.5	16.6	5.6	−0.6	−12.7	−24.3
(日期)	(21)	(6)	(2)	(1)	(8)	(7)	(6)	(31)	(30)	(25)	(29)	(21)
2005	−20.6	−19.8	−13.6	1.6	7.0	17.9	20.0	15.2	11.0	−3.2	−11.0	−22.1
(日期)	(9)	(9)	(1)	(14)	(7)	(8)	(10)	(31)	(30)	(21)	(29)	(27)
2006	−29.6	−28.7	−15.3	−5.3	3.5	11.5	9.8	11.6	4.7	−7.9	−18.1	−23.0
(日期)	(17)	(2)	(12)	(2)	(1)	(10)	(24)	(30)	(10)	(26)	(29)	(28)
2007	−22.6	−21.9	−16.5	−6.9	2.5	11.9	13.5	13.3	4.2	−5.9	−19.7	−17.9
(日期)	(12)	(2)	(13)	(1)	(9)	(14)	(20)	(31)	(25)	(29)	(22)	(18)
2008	−28.0	−22.5	−10.9	−1.7	2.9	9.0	18.2	15.4	1.0	−3.0	−16.7	−24.2
(日期)	(16)	(16)	(2)	(10)	(9)	(1)	(31)	(25)	(28)	(30)	(21)	(21)
2009	−26.2	−23.6	−15.4	−3.7	3.4	9.6	15.4	10.4	1.4	−6.1	−22.1	−32.3
(日期)	(9)	(3)	(11)	(15)	(9)	(11)	(11)	(29)	(26)	(31)	(28)	(31)

气象资料表 3　哈尔滨 1990—2008 年 4—9 月各月降水量表　　单位：mm

年份	4月	5月	6月	7月	8月	9月	年份	4月	5月	6月	7月	8月	9月
1990	14.4	28.2	119.6	153.3	66.0	55.6	2000	27.2	50.1	49.4	84.8	157.9	31.4
1991	44.4	32.6	97.1	216.2	94.1	61.9	2001	2.6	15.3	10.7	146.8	110.9	35.9
1992	12.8	31.4	83.5	133.4	90.7	43.0	2002	42.9	10.8	153.3	163.8	164.2	4.2
1993	22.1	27.1	166.2	60.2	150.0	51.5	2003	15.0	18.9	93.2	143.8	110.5	64.4
1994	0.8	81.7	124.9	360.2	127.7	83.7	2004	6.1	55.1	68.2	163.0	105.8	46.1
1995	13.2	37.0	45.2	165.8	28.1	67.6	2005	61.3	18.1	117.6	161.8	57.6	44.7
1996	15.2	39.5	92.0	162.9	63.2	24.2	2005	61.3	18.1	117.6	161.8	57.6	44.7
1997	8.7	50.1	22.2	141.7	195.8	26.6	2006	8.8	8.6	141.8	169.5	35.0	68.0
1998	5.2	39.0	97.6	87.9	249.5	90.7	2007	12.4	87.9	74.9	68.7	53.2	62.7
1999	18.4	37.5	79.1	105.4	128.8	6.3	2008	31.3	71.3	57.4	94.8	46.1	80.4

气象资料表 4　哈尔滨 1951—1970 年初终霜日期资料

年份		1951	1952	1953	1954	1955	1956	1957	1958	1959	1960
初霜期	月-日	9-10	9-24	9-17	9-25	9-25	9-27	9-26	9-29	10-05	9-28
	序列										
终霜期	月-日	5-23	4-30	5-10	5-07	5-06	5-11	5-05	4-26	5-13	4-26
	序列										
年份		1961	1962	1963	1964	1965	1966	1967	1968	1969	1970
初霜期	月-日	9-30	9-22	9-23	9-10	9-18	9-09	9-12	9-24	9-07	9-30
	序列										
终霜期	月-日	5-05	5-01	4-27	5-11	5-09	4-23	4-18	4-25	4-23	4-26
	序列										

气象资料表 5　哈尔滨 1951—1970 年 20 年平均风向频率资料

风向	N	NNE	NE	ENE	E	ESE	SE	SSE	S	SSW	SW	WSW	W	WNW	NW	NNW	C
频率	4	3	3	3	4	3	3	7	12	11	10	9	8	6	6	4	7

气象资料表 6　哈尔滨 1980—2009 年 30 年平均气温资料　　单位：℃

月份	1月	2月	3月	4月	5月	6月	7月	8月	9月	10月	11月	12月
气温	−17.6	−12.7	−3.9	6.5	13.9	19.3	22.2	20.7	14.1	5.5	−5.7	−14.8

气象资料表 7　哈尔滨旬平均气温资料

旬/月	下/4	上/5	中/5	下/5	上/6	中/6	下/6	上/7	中/7
气温(℃)	9.0	12.1	14.4	16.3	17.5	20.2	22.1	22.3	23.2
旬/月	下/7	上/8	中/8	下/8	上/9	中/9	下/9	上/10	
气温(℃)	22.8	22.8	21.4	20.0	16.7	14.3	12.0	8.8	

气象资料表8　哈尔滨市2004年3月21日—5月31日,9月26日—10月28日平均气温资料

单位:℃

日期(年-月-日)	气温	日期(年-月-日)	气温	日期(年-月-日)	气温
2004-03-21	2.2	2004-04-25	9.4	2004-05-30	14.6
2004-03-22	1.2	2004-04-26	9.0	2004-05-31	16.0
2004-03-23	1.7	2004-04-27	10.2	2004-09-26	19.6
2004-03-24	4.3	2004-04-28	16.4	2004-09-27	16.4
2004-03-25	3.1	2004-04-29	11.6	2004-09-28	13.6
2004-03-26	5.0	2004-04-30	9.8	2004-09-29	11.7
2004-03-27	10.3	2004-05-01	13.7	2004-09-30	5.6
2004-03-28	10.4	2004-05-02	10.7	2004-10-01	5.8
2004-03-29	8.3	2004-05-03	12.6	2004-10-02	5.8
2004-03-30	2.3	2004-05-04	11.9	2004-10-03	9.1
2004-03-31	0.7	2004-05-05	10.4	2004-10-04	10.6
2004-04-01	0.7	2004-05-06	6.0	2004-10-05	14.4
2004-04-02	3.1	2004-05-07	11.1	2004-10-06	16.9
2004-04-03	3.2	2004-05-08	21.2	2004-10-07	15.9
2004-04-04	6.1	2004-05-09	19.4	2004-10-08	15.7
2004-04-05	6.7	2004-05-10	17.0	2004-10-09	14.0
2004-04-06	4.5	2004-05-11	14.1	2004-10-10	16.3
2004-04-07	3.5	2004-05-12	13.0	2004-10-11	12.6
2004-04-08	8.9	2004-05-13	16.0	2004-10-12	8.6
2004-04-09	9.0	2004-05-14	19.5	2004-10-13	6.1
2004-04-10	9.6	2004-05-15	14.6	2004-10-14	7.8
2004-04-11	7.8	2004-05-16	17.3	2004-10-15	11.8
2004-04-12	8.9	2004-05-17	15.6	2004-10-16	5.2
2004-04-13	7.1	2004-05-18	17.4	2004-10-17	9.5
2004-04-14	3.8	2004-05-19	16.1	2004-10-18	12.8
2004-04-15	6.0	2004-05-20	12.9	2004-10-19	11.4
2004-04-16	4.4	2004-05-21	13.3	2004-10-20	7.6
2004-04-17	7.0	2004-05-22	13.0	2004-10-21	6.2
2004-04-18	15.4	2004-05-23	13.4	2004-10-22	2.9
2004-04-19	14.3	2004-05-24	19.1	2004-10-23	2.8
2004-04-20	9.3	2004-05-25	21.5	2004-10-24	6.0
2004-04-21	7.8	2004-05-26	18.6	2004-10-25	-0.6
2004-04-22	5.6	2004-05-27	22.2	2004-10-26	-0.4
2004-04-23	4.7	2004-05-28	21.4	2004-10-27	2.3
2004-04-24	7.5	2004-05-29	18.7	2004-10-28	5.9

注:2004年6月、7月、8月、9月温度累积分别为: $\sum T_{6月} = 701.7℃ \cdot d$, $\sum T_{7月} = 706.4℃ \cdot d$, $\sum T_{8月} = 672.0℃ \cdot d$, $\sum T_{9月} = 497.9℃ \cdot d$。

附录1　逐日可照时间表

单位:h

日期	北纬												
	0°	10°	20°	24°	28°	32°	36°	40°	44°	48°	52°	56°	60°
1月6日	12.1	11.5	10.9	10.7	10.4	10.1	9.8	9.4	9.0	8.5	7.9	7.2	6.2
1月21日	12.1	11.6	11.1	10.9	10.6	10.4	10.1	9.8	9.4	9.0	8.5	7.9	7.1
2月6日	12.1	11.7	11.3	11.1	11.0	10.8	10.5	10.3	10.0	9.7	9.4	8.9	8.3
2月21日	12.1	11.8	11.6	11.5	11.3	11.2	11.1	10.9	10.7	10.4	10.3	10.0	9.7
3月6日	12.1	12.0	11.8	11.8	11.7	11.6	11.5	11.5	11.4	11.3	11.1	11.0	10.8
3月21日	12.1	12.1	12.1	12.1	12.1	12.1	12.1	12.1	12.1	12.2	12.2	12.2	12.2
4月6日	12.1	12.2	12.4	12.5	12.6	12.6	12.7	12.8	12.9	13.8	13.2	13.4	13.7
4月21日	12.1	12.4	12.7	12.8	12.9	13.1	13.3	13.5	13.7	13.9	14.2	14.6	15.0
5月6日	12.1	12.5	12.9	13.1	13.3	13.5	13.8	14.0	14.3	14.7	15.1	15.7	16.3
5月21日	12.1	12.6	13.1	13.4	13.6	13.9	14.2	14.5	14.9	15.4	15.9	16.6	17.5
6月6日	12.1	12.7	13.3	13.5	13.8	14.1	14.5	14.9	15.3	15.8	16.5	17.4	18.5
6月21日	12.1	12.7	13.3	13.6	13.9	14.2	14.6	15.0	15.4	16.0	16.7	17.6	18.9
7月6日	12.1	12.7	13.3	13.5	13.8	14.1	14.5	14.9	15.3	15.8	16.5	17.4	18.5
7月21日	12.1	12.6	13.1	13.4	13.6	13.9	14.2	14.6	14.9	15.4	16.0	16.7	17.7
8月6日	12.1	12.5	12.9	13.1	13.3	13.5	13.8	14.1	14.4	14.7	15.2	15.8	16.5
8月21日	12.1	12.4	12.7	12.8	13.0	13.1	13.3	13.5	13.7	14.0	14.3	14.7	15.2
9月6日	12.1	12.1	12.4	12.5	12.6	12.6	12.7	12.8	13.0	13.1	13.3	13.5	13.8
9月21日	12.1	12.1	12.1	12.1	12.1	12.2	12.2	12.2	12.2	12.2	12.3	12.4	12.4
10月6日	12.1	12.0	11.8	11.8	11.7	11.7	11.6	11.5	11.4	11.4	11.3	11.2	11.1
10月21日	12.1	11.8	11.6	11.4	11.3	11.3	11.0	10.9	10.7	10.5	10.3	10.1	9.7
11月6日	12.1	11.7	11.3	11.1	11.0	10.7	10.5	10.3	10.0	9.7	9.3	8.9	8.3
11月21日	12.1	11.6	11.1	10.8	10.6	10.4	10.1	9.8	9.4	9.0	8.5	7.9	7.1
12月6日	12.1	11.5	10.9	10.7	10.4	10.1	9.8	9.4	9.0	8.5	8.0	7.2	6.2
12月21日	12.1	11.5	10.9	10.6	10.3	10.0	9.7	9.3	8.8	8.3	7.7	6.9	5.8

说明:其他纬度的各个日期的可照时间,可参照表中左右或上下相邻之数值,按比例推算求得。

附表 2　太阳赤纬表

单位:度

日期 平年	日期 闰年	1月	2月	3月	4月	5月	6月	7月	8月	9月	10月	11月	12月
	1	−23.2	−17.6	−8.2	3.9	14.5	21.8	23.2	18.5	8.9	−2.5	−13.9	−21.5
1	2	−23.1	−17.3	−7.9	4.3	14.9	22.0	23.2	18.2	8.6	−2.9	−14.2	−21.7
2	3	−23.0	−17	−7.5	4.6	15.2	22.1	23.1	18.0	8.2	−3.3	−14.5	−21.9
3	4	−22.9	−16.7	−7.1	5.0	15.5	22.2	23.0	17.7	7.8	−3.7	−14.8	−22.0
4	5	−22.8	−16.4	−6.7	5.4	15.8	22.3	23.0	17.5	7.5	−4.1	−15.1	−22.1
5	6	−22.7	−16.1	−6.3	5.8	16.0	22.5	22.9	17.2	7.1	−4.4	−15.5	−22.3
6	7	−22.6	−15.8	−5.9	6.2	16.30	22.6	22.8	16.9	6.7	−4.8	−15.8	−22.4
7	8	−22.5	−15.5	−5.6	6.6	16.6	22.7	22.7	16.6	6.4	−5.2	−16.1	−22.5
8	9	−22.3	−15.2	−5.2	6.9	16.9	22.8	22.6	16.4	6.0	−5.6	−16.4	−22.6
9	10	−22.2	−14.9	−4.8	7.3	17.2	22.9	22.5	16.1	5.6	−6.0	−16.1	−22.8
10	11	−22.1	−14.6	−4.4	7.7	17.4	23.0	22.3	15.8	5.2	−6.4	−16.9	−22.9
11	12	−21.9	−14.3	−4.0	8.0	17.7	23.0	22.2	15.5	4.9	−6.7	−17.2	−22.9
12	13	−21.8	−13.9	−3.6	8.4	17.9	23.1	22.1	15.2	4.5	−7.1	−17.5	−23.0
13	14	−21.6	−13.6	−3.2	8.8	18.2	23.2	21.9	14.9	4.1	−7.5	−17.8	−23.1
14	15	−21.4	−13.3	−2.8	9.1	18.4	23.2	21.8	14.6	3.7	−7.9	−18.0	−23.2
15	16	−21.3	−12.9	−2.4	9.5	18.7	23.3	21.7	14.3	3.3	−8.2	−18.3	−23.2
16	17	−21.1	−12.6	−2.0	9.9	18.9	23.3	21.5	14.0	2.9	−8.6	−18.6	−23.3
17	18	−20.9	−12.2	−1.6	10.2	19.2	23.4	21.3	13.7	2.6	−9.0	−18.8	−23.3
18	19	−20.7	−11.9	−1.2	10.6	19.4	23.4	21.2	13.4	2.0	−9.3	−19.1	−23.4
19	20	−20.5	−11.5	−0.8	10.9	19.6	23.4	21.0	13.0	1.8	−9.7	−19.3	−23.4
20	21	−20.3	−11.2	−0.4	11.3	19.8	23.4	20.8	12.7	1.4	−10.1	−19.5	−23.4
21	22	−20.1	−10.8	0.1	11.6	20.0	23.4	20.6	12.4	1.0	−10.4	−19.8	−23.4
22	23	−19.8	−10.5	0.3	11.9	20.2	23.4	20.4	12.0	0.6	−10.8	−20.0	−23.4
23	24	−19.6	−10.1	0.7	12.3	20.4	23.4	20.2	11.7	+0.2	−11.1	−20.2	−23.4
24	25	−19.4	−9.7	1.1	12.6	20.6	23.4	20.2	11.4	−0.2	−11.5	−20.4	−23.4
25	26	−19.1	−9.4	1.5	12.9	20.8	23.4	19.8	11.0	−0.6	−11.8	−20.6	−23.4
26	27	−18.9	−9.0	1.9	13.6	21.0	23.4	19.6	10.7	−0.9	−12.2	−20.8	−23.4
27	28	−18.6	−8.6	2.3	13.6	21.2	23.4	19.4	10.3	−1.3	−12.5	−21.0	−23.4
28	29	−18.4	−8.2	2.7	13.9	21.3	23.3	19.2	10.0	−1.7	−12.9	−21.2	−23.3
29	30	−18.1		3.1	14.2	21.5	23.3	18.9	9.6	−2.1	−13.2	−21.4	−23.3
30	31	−17.9		3.5	14.5	21.7	23.2	18.7	9.3	−2.5	−13.5	−21.5	−23.2
31		−17.6		3.9		21.8		18.5	8.9				−23.2

附录3　黑龙江省各气象站地理经纬度、海拔高度

站名	北纬	东经	海拔高度(m)	站名	北纬	东经	海拔高度(m)
漠河	53°28′	122°22′	296.0	齐齐哈尔	47°23′	123°55′	145.9
阿木尔	52°50′	123°11′	550.0	林甸	47°11′	124°50′	154.0
塔河	52°19′	124°43′	357.4	依安	47°54′	125°18′	218.4
呼中	52°03′	123°40′	520.8	拜泉	47°36′	126°06′	230.7
新林	21°42′	124°20′	494.6	海伦	47°26′	126°58′	239.2
呼玛	51°43′	126°39′	177.4	明水	47°10′	125°54′	249.2
加格达奇	50°24′	124°07′	371.7	绥棱	49°14′	127°06′	202.7
黑河	50°15′	127°27′	166.4	五营	48°07′	129°15′	296.5
嫩江	49°10′	125°14′	242.2	伊春	47°44′	128°55′	240.9
孙吴	49°26′	127°21′	234.5	鹤岗	47°22′	130°20′	227.9
逊克	49°35′	128°28′	111.9	萝北	47°34′	130°50′	83.3
五大连池	48°30′	126°11′	271.8	同江	47°39′	132°30′	53.6
北安	48°17′	126°31′	269.7	抚远	48°22′	134°17′	66.6
讷河	48°27′	124°51′	202.8	绥滨	47°17′	131°51′	61.8
克山	48°29′	125°53′	234.6	富锦	47°14′	131°59′	64.2
克东	48°03′	126°15′	294.0	杜尔伯特	46°52′	124°26′	151.0
嘉荫	48°53′	130°24′	90.4	泰来	46°24′	123°25′	149.5
乌伊岭	48°34′	129°26′	404.5	青冈	46°41′	126°06′	204.8
龙江	47°20′	123°11′	190.0	望奎	46°52′	126°29′	169.1
甘南	47°56′	123°30′	185.2	绥化	46°37′	126°58′	179.6
富裕	47°48′	124°29′	162.4	安达	46°23′	125°19′	149.3
肇东	46°04′	125°58′	147.2	木兰	45°57′	128°02′	112.1
兰西	46°15′	126°16′	162.8	通河	45°58′	128°44′	108.6
庆安	46°53′	127°29′	184.8	方正	45°50′	128°48′	119
铁力	46°59′	128°01′	210.5	延寿	45°27′	128°18′	155.1
巴彦	46°05′	127°21′	134.1	尚志	45°13′	127°58′	189.7
汤原	46°44′	129°17′	95.1	勃利	45°45′	130°35′	220.5
佳木斯	46°49′	130°17′	81.2	鸡西	45°17′	130°57′	232.8
依兰	46°18′	129°35′	100.1	林口	45°16′	130°14′	274.7
桦川	47°01′	130°43′	78.4	虎林	45°46′	132°58′	100.2
桦南	46°12′	130°31′	182.4	密山	45°33′	131°52′	151.7
集贤	46°43′	131°08′	105.4	鸡东	45°15′	131°08′	176.0
双鸭山	46°38′	131°09′	175.3	五常	44°54′	127°09′	194.6

站名	北纬	东经	海拔高度(m)	站名	北纬	东经	海拔高度(m)
宝清	46°19′	132°11′	83.0	海林	44°35′	129°24′	260.8
饶河	46°48′	134°00′	54.4	穆棱	44°56′	130°33′	266.3
肇州	45°42′	125°15′	148.7	牡丹江	44°34′	129°36′	241.4
哈尔滨	45°45′	126°46′	142.3	绥芬河	44°23′	131°09′	496.7
肇源	45°30′	125°05′	127.5	宁安	44°20′	129°28′	267.9
双城	45°23′	126°18′	166.4	东宁	44°06′	131°11′	116.6
呼兰	46°00′	126°36′	123.2	宾县	45°47′	127°27′	192.2
阿城	45°31′	126°57′	174.3